Das Tierreich

VII/6

Säugetiere

Teil 1

von

Dr. Theodor Haltenorth
Oberkonservator an der Zoologischen Sammlung des Bayerischen Staates in München

Mit 88 Abbildungen

Sammlung Göschen Band 282/282a/282b

Walter de Gruyter & Co. · Berlin 1969

vormals G. J. Göschen'sche Verlagshandlung · J. Guttentag, Verlagsbuchhandlung · Georg Reimer · Karl J. Trübner · Veit & Comp.

Satz und Druck: Hildebrandt & Stephan, 1 Berlin 61. —
Printed in Germany.

DAS TIERREICH
IN DER SAMMLUNG GÖSCHEN

ist wie folgt gegliedert:

Bd. I. Einzeller.

Bd. II. Schwämme und Hohltiere.

Bd. III. Plattwürmer, Hohlwürmer, Kamptozoen, Schnurwürmer, Ringelwürmer, Protracheaten, Bärtierchen und Zungenwürmer.

Bd. IV. 1. Gliederfüßler: Krebse.

Bd. IV. 2. Gliederfüßler: Trilobitomorphen, Fühlerlose und Tracheenatmer: Tausendfüßler.

Bd. IV. 3. Gliederfüßler: Insekten

Bd. V. Weichtiere.

Bd. VI. Stachelhäuter, Tentakulaten, Binnenatmer und Pfeilwürmer.

Bd. VII. 1. Chordatiere: Manteltiere, Schädellose, Rundmäuler.

Bd. VII. 2. Chordatiere: Fische.

Bd. VII. 3. Chordatiere: Lurche.

Bd. VII. 4. Chordatiere: Kriechtiere.

Bd. VII. 5. Chordatiere: Vögel.

Bd. VII. 6. Chordatiere: Säugetiere.

STÄMME DES TIERREICHES

1. Urtiere *(Protozoa)*
2. Schwämme *(Spongia)*
3. Hohltiere *(Coelenterata)*
4. Plattwürmer *(Plathelminthes)*
5. Hohlwürmer *(Aschelminthes)*
6. Schnurwürmer *(Nemertini)*
7. Kamptozoen *(Kamptozoa, Entoprocta)*
8. Ringelwürmer *(Annelida)*
9. Protacheaten *(Protracheata, Onychophora)*
10. Bärtierchen *(Tardigrada)*
11. Zungenwürmer *(Linguatulida)*
12. Gliederfüßler *(Arthropoda)*
13. Weichtiere *(Mollusca)*
14. Stachelhäuter *(Echinodermata)*
15. Tentakulaten *(Tentaculata)*: Armfüßler *(Brachyopoda)* und Moostierchen *(Bryozoa)*
16. Binnenatmer *(Enteropneusta)*
17. Pfeilwürmer *(Chaetognatha)*
18. Chordatiere *(Chordata)*

Inhaltsverzeichnis des 1. Teiles

Inhaltsverzeichnis des 2. Teiles

18. Stamm: Chordatiere *(Chordata)*

1. Unterstamm: Manteltiere *(Tunicata)*
2. Unterstamm: Schädellose *(Acrania)*
3. Unterstamm: Rundmäuler: *(Cyclostomata)*
4. Unterstamm: Wirbeltiere: *(Vertebrata)*

1. Klasse: Fische *(Pisces)*	Amnionlose (Anamnia)
2. Klasse: Lurche *(Amphibia)*	
3. Klasse: Kriechtiere: *(Reptilia)*	Amniontiere (Amniota)
4. Klasse: Vögel *(Aves)*	
5. Klasse: **Säugetiere (Mammalia)**	

SÄUGETIERE *(Mammalia)*

Kennzeichen

Säugetiere sind warmblütige, wenigstens embryonal behaarte Wirbeltiere (Haartiere, Trichozoa) mit meist 4 Gliedmaßen (bei Seekühen und Walen sind die Hintergliedmaßen fast ganz rückgebildet) und einem vollständig in zwei Hälften getrennten Herzen, die in der Regel lebendige Junge gebären (Ausnahme: eierlegende Kloakentiere) und sie mittels Milchdrüsen ernähren. Ihre Körpertemperatur bleibt fast stets gleich (Ausnahme: Fledertiere, Winter- und Trockenzeitschläfer u. ä.). Der Schädel ist durch einen doppelten Gelenkhöcker mit dem 1. Halswirbel verbunden (Dicondylia), die Mundhöhle durch einen sekundären Gaumen von der Nasenhöhle getrennt, letztere auch mit Siebbeinmuscheln (Ethmoturbinalia), das Innenohr stets mit 3 Gehörknöchelchen ausgestattet. Der Unterkiefer besteht nur aus 1 Knochen, das Gebiß nachgeburtlich aus höchstens 2 Zahngenerationen. Brust- und Bauchhöhle werden durch ein

Zwerchfell vollständig getrennt, die Großhirnhälften durch eine vordere Brücke (Commissura) und den Balken (Corpus callosum) miteinander verbunden. Von den Arterienbögen bleibt nur der linke vierte tätig (bei den Vögeln der rechte).

Herkunft

Die Säugetiere entstanden bereits vor rd. 160 bis 170 Millionen Jahren in der Trias des Mesozoikums aus säugetierähnlichen Kriechtieren (Therapsida), die sich in kleinen, z. T. voneinander unabhängigen Entwicklungsschritten (Spezialisationskreuzung) Merkmale erwarben (Schädelvereinfachung und -verfestigung, Gliedmaßenverfestigung, Verbesserung des Gebisses und damit der Nahrungsnutzung, des Geruchsinnes, der Jungenfürsorge, des Körperwärmeerhaltes durch Haarkleid u. a.), die sie befähigten, auch nächtlich tätig zu sein, in kühlere Klimazonen vorzudringen und so neue Lebensräume zu gewinnen. Der Übergang von den Kriech- zu den Säugetieren geschah auf so breiter Front (d. h. in mehreren Ordnungen gleichzeitig) und so gleitend, daß stammesgeschichtlich weder eine feste Grenze zwischen ihnen ziehbar ist, noch von einer engsinnigeren Einstämmigkeit (Monophylie) der Säugetiere gesprochen werden kann. Daher ist die Unterscheidung nach dem Kiefergelenkbau (Quadratum-Articulare-Gelenk noch Hauptgelenk = Kriechtier, nicht mehr und dafür Squamosum-Dentale-Gelenk Hauptgelenk = Säugetier) notgezwungen eine künstliche. Im Rhät am Ende der Trias sind bereits eine Reihe von Vollsäugern (Pantotheria) verteilt auf die 5 Ursäugergruppen der Vielhöckerzähner (Multituberculata) Zwei- und Dreispitzenzähner (Doco- und Triconodonta), Gleichzähner (Symmetrodonta) und Vollsäugetiere (Pantotheria) vorhanden. Im Jura belebten Säugetiere, teils als Fleisch- oder Kleintier-, teils als Alles- oder Pflanzenfresser, bereits alle Festländer; zusammen 5 Ordnungen, 11 Familien und 70 Gattungen. Zwischen Oberjura und Mittelkreide starben die Doco-, Tricono-, Symmetrodonta und Pantotheria, im Eozän die Multituberculata aus. Letztere bildeten in der Spätkreide zusammen mit den neu aufkommenden Beuteltieren (Marsupialia) und den Kerbtierfressern (Insectivora) als ersten Mutterkuchentieren (Placentalia) eine zweite Ausbreitungswelle von Säugetieren über die Erde. Im Tertiäranfang (Paläozän) überrundeten dann die Placentalia die Marsupialia und Multituberculata mit den neuen Ordnungen der Urhuftiere (Condylarthra), Hasentiere (Lagomorpha), Nagetiere (Rodentia), Urraubtiere (Creodontia) und Fledertiere (Chiroptera) und stellten die dritte Ausbreitungswelle. Ihr folgte im Eozän mit den neuzeitlichen Placentalia die vierte und größte. Mit ihr erwuchsen im ganzen 28 Placentalia-Ordnungen, von denen 16 noch heute lebende Vertreter aufweisen. Vom Rhät ab brachten es die Säugetiere auf 40 Ordnungen, 258 Familien, rd. 3000 Gattungen und grob geschätzt vielleicht 13 000 Arten, von denen z. Z. noch rd. $^1/_3$, d. h. 4250, leben.

Lebensraum, Gestalt, Bewegungsweise, Geschlechtsunterschied

Säugetiere sind außer den tieferen Schichten des Bodens, Süßwassers und Meeres in allen Lebensräumen (Biotopen) bis zu Hochlagen von 5500 m und bis in die Polargebiete anzutreffen. Bei diesen Anpassungen half dabei nach bestimmten Regeln für besonders rauhe und kalte Gegenden ein dickes Fettpolster, ein Dichter- und Längerwerden des Felles (RENSCHsche Regel), ein Verkürzen der Körperauswüchse Ohren, Schnauze, Gliedmaßen und Schwanz (ALLENsche Regel), eine Zunahme des Körperinhaltes im Verhältnis zur -oberfläche (BERGMANNsche Regel), eine Zunahme der Herz- und Magen-Darm-

Größe im Verhältnis zur Körpergröße, z. T. auch eine Vermehrung der Jungenzahl je Wurf (Wurfgröße) und eine Abnahme der Haut- und Haarfarbstoffe (Melanine) von Warm- zu Kaltklima innerhalb eines Artgebietes (GLOGERsche Regel).

Die Körpergröße der Säugetiere schwankt zwischen der einer rd. 1 cm hohen, rd. 7,5 cm langen und 1,75 g schweren Etruskerspitzmaus und der eines 30 m langen und 135 t schweren Blauwals. Gegliedert ist der Säugetierkörper in Kopf, Hals, Rumpf, Schwanz und Vorder- und Hintergliedmaßen, die bei einem abgewogenen Verhältnis zueinander etwa die Gestalt eines Schakals ergeben. Doch ist die Körperform infolge mannigfacher Anpassungen an verschiedenartige Lebensräume außerordentlich vielseitig abgewandelt und schwankt zwischen der geschlossenen Torpedoform eines Delphins und der ganz offenen eines Spinnenaffen. Oft haben sich Körperform und Bewegungsweise nahezu vollendet auf die Lebensanforderungen eingestellt, so daß Schreiter (z. B. Bär), Traber (z. B. Wolf), Paßgeher (z. B. Giraffe), Galoppierer (z. B. Gepard, mit 25 m/sec. oder 90 km/st. das schnellste Säugetier), Hüpfer (z. B. Waldmaus), Schlüpfer (z. B. Pudu), Schleicher (z. B. Ginsterkatze), Kriecher (z. B. Zwerghamster), Springer (z. B. Pferdespringer), Gräber (z. B. Erdferkel), Wühler (z. B. Maulwurf), Stammkletterer (z. B. Dornschwanzhörnchen), Greifkletterer (z. B. Potto), Schwingkletterer (z. B. Gibbon), Hangelkletterer (z. B. Faultier), Gleitflieger (z. B. Flughörnchen), Schlagflieger (z. B. Fledertiere) und Schwimmer (s. unten) u. a. mehr unterschieden werden können. Nicht selten wurde derselbe Lebensraum von ganz verschiedenen Ordnungen und Familien her mehrmals und unabhängig voneinander erobert und erzeugte so äußere Erscheinungsähnlichkeiten (Konvergenzen) wie z. B. bei den Schwimmern (Schnabeltiere, Schwimmbeutler, Wasserratten, Schwimmratten,

Abb. 1. Einige Beispiele von Gestalt- und Bewegungsverschiedenheiten bei Landsäugetieren.
Von links nach rechts oben: Braunbär als Sohlengänger, Gabelantilope als Zehenspitzengänger, Gibbon als Schwinghangler. Unten: Wüstenspringmaus als Hüpfspringer und Beutelmull als Bodenwühler. Natürliche Größenverhältnisse unberücksichtigt. Nach Haltenorth 1964.

Fischratten, Otterspitzmäuse, Ottergenetten, Otter, Robben, Wale, Seekühe u. a.). Zu diesen Gestalteigentümlichkeiten treten nicht selten noch artkennzeichnende Sonderbildungen wie verlängerte Stoß- oder Eckzähne, Rüsselschnauze, Hornschnabel (Schnabeltier), Stirnbeinauswüchse in Gehörn- oder Geweihform, Gesichtswarzen (Warzenschwein), Schwielen (Kamel), Bärte, Mähnen, Manschetten (Mähnenschaf) u. a., die häufig auch außer der Körpergröße einen G e s c h l e c h t s u n t e r s c h i e d (Sexualdimorphismus), Altersunterschied (Genealdimorphismus) wie bei den Backenwülsten des Orangmannes oder Jahreszeitenunterschied (Saisondimorphismus) wie z. B. das Edelhirschgeweih bekunden.

ALLGEMEINER TEIL

Körperdecke

Die Körperdecke (Integumentum commune) schließt den Säugetierkörper nach außen ab, gibt ihm Verletzungs-, Strahlungs-, Temperaturschutz, vermittelt Tast-, Druckreize, Schmerz-, Temperatur-, Feuchtigkeitsempfinden, regelt mit den Wasserhaushalt (Schwitzen) und scheidet Stoffwechselabsonderungen mit aus (Schweiß besteht aus Wasser, Harnstoff, Kochsalz, Fettsäure und manchmal auch Eiweiß). Sie

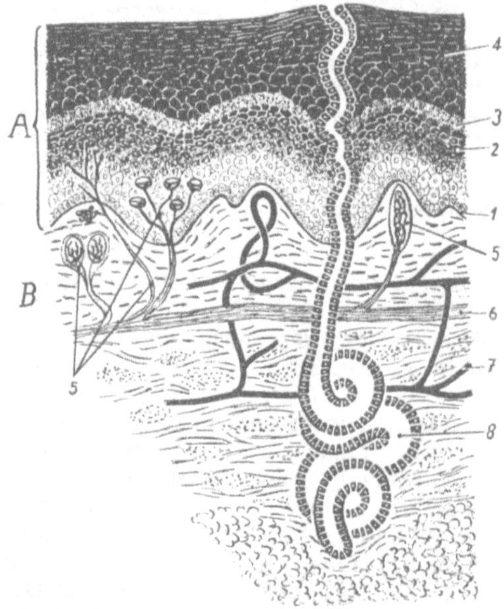

Abb. 2. Querschnitt durch die Haut eines Säugetieres. A=Epidermis, B=Cutis, 1=Stratum germinativum, 2=St. granulosum, 3=St. lucidum, 4=St. corneum, 5=verschiedene Sinnesorgane, 6=Nerv, 7=Gefäße, 8=Schweißdrüse. Nach Portmann 1959.

besteht aus der Haut und ihren Gebilden (Haare, Verhornungen, Hautknochen, Fettpolster, Drüsen, Gefäße, Nerven, Sinneszellen, Farbstoff) und der Hautmuskulatur.

Die H a u t (Cutis) setzt sich aus der ectodermalen Oberhaut (Epidermis) und der mesodermalen Unter- oder Lederhaut (Corium) zusammen, erstere wiederum aus der untersten Keimschicht oder Matrix (Stratum germinativum), der Körperschicht (Stratum granulosum), der Klarschicht (Stratum lucidum) und als obersten der Hornschicht (Stratum corneum). Das untere Unterhautgewebe (Tela subcutanea) sitzt lokker der Hautmuskulatur auf, um sich nach oben zur elastisch-festen Netzschicht (Corpus reticulare) zu verdichten und sich schließlich mit der Papillenschicht (Stratum papillare) von unten her ins Stratum germinativum zu verzahnen. F e t t oder Speck lagert sich örtlich vorratsbildend (z. B. Fettbuckel) oder als Wärme-, Druckschutz und Gewichtsverminderer wirkender Mantel (Panniculus adiposus) in der Tela subcutanea ab, während Hautknochen (z. B. Gürteltierpanzer) im Corpus reticulare und Farbstoff in der Matrix gebildet werden. H a u t - und H a a r f a r b e brauchen nicht übereinzustimmen (z. B. Eisbärhaut braun, -fell weißgelb). Haare, Stacheln, Schuppen, Schwielen, Haftscheiben, Nasenhörner, Barten, Hornscheiden, Hornschnäbel, Nägel, Krallen, Hufe und Hautdrüsen sind O b e r h a u t g e b i l d e. Hautfalten wuchsen sich an den Körperseiten zu F l u g - h ä u t e n , an Händen und Füßen zu S c h w i m m - h ä u t e n aus. Musterbildende Erhebungen der Hornhautoberfläche (Sohle, Hand, Zehenballen) sind in ihrer Ausführungsweise gattungs- oder art-, bei den höheren Primaten auch individuumseigentümlich (Dactyloskopie). S c h u p p e n sind Lederhautpapillen, deren Oberhaut verhornt. Kralle, Nagel und Huf sind als Abkömmlinge der Kriechtierkralle nach dem gleichen Grundplan gebaut. Die K r a l l e (Unguicula,

Falcula) trägt dorsal aus besonders festen, verhornten, zellkernversehenen Epidermiszellen die Krallenplatte (Nagelplatte, Hufplatte) und ventral aus normal verhornten, kernlosen Epidermiszellen die Krallensohle (Sohlenhorn, Hornsohle), die sich in den Zehenballen fortsetzt. Kuppen- und Plattnagel (Tegula und Unguis planus) haben kurze bis sehr kurze (Nagelsaum) Krallensohle, während der Huf mit besonders dicker Krallenplatte das Zehenglied umgreift und das Sohlenhorn seinen Boden bildet, in den der Sohlenballen nur noch als Dreiecksfortsatz oder Strahl eintritt.

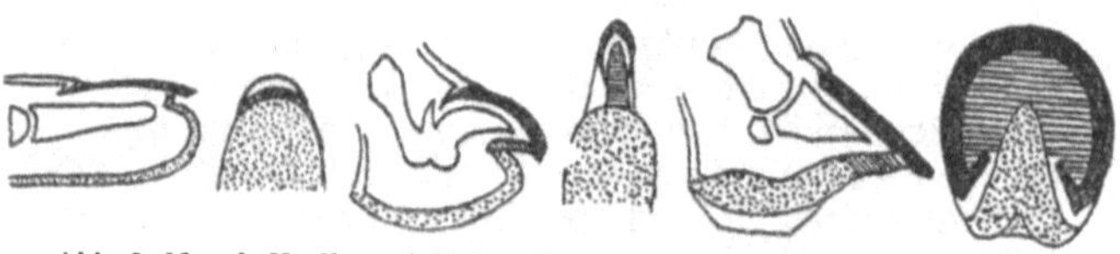

Abb. 3. Nagel, Kralle und Huf in Längsschnitt und Untenansicht. Ballen =punktiert, Sohle=schraffiert, Horn=schwarz. Nach Ellenberger-Baum 1943, verändert.

Im allgemeinen gesehen ist die Nase das Hauptsinnesorgan der Säugetiere. Sie gab ihnen in ihrer Entstehungs- und Frühzeit, als sie sich gegen die optisch orientierten, taglebenden, körperlich und zahlenmäßig weit überlegenen Kriechtiere behaupten mußten, die Möglichkeit, auch in der Dämmerung und Nacht tätig zu sein. Infolgedessen sind die Säugetiere reich mit Hautdrüsen bzw. deren Zusammenballungen als Duftorgane ausgestattet. Diese bedingen nicht nur den für das gegenseitige Erkennen wichtigen Art- und Individualgeruch, sondern dienen auch als Talgdrüsen dem Geschmeidigerhalten der Haut, als Schweißdrüsen der Feuchtigkeitsabgabe und damit Wärmeregulation und ferner dem Markieren des Wohngebietes (Territorium), des Heimes (Lager, Sasse, Erdbau usw.), dem Zusammenhalt von Mutter und Kind, dem Finden der Geschlechter, dem

Steigern des Paarungsdranges und als Stinkdrüsen auch der Verteidigung. Als Milchdrüsen ernähren sie die Jungen. Die H a u t d r ü s e n bestehen in zwei durch Übergänge verbundenen Formen, der Talg- oder Haarbalgdrüse (Glandula sebacea) und der Schweiß-, Röhren- oder tubulosen Drüse (Glandula sudoripara). Der Drüsenkanal der Talgdrüse erwei-

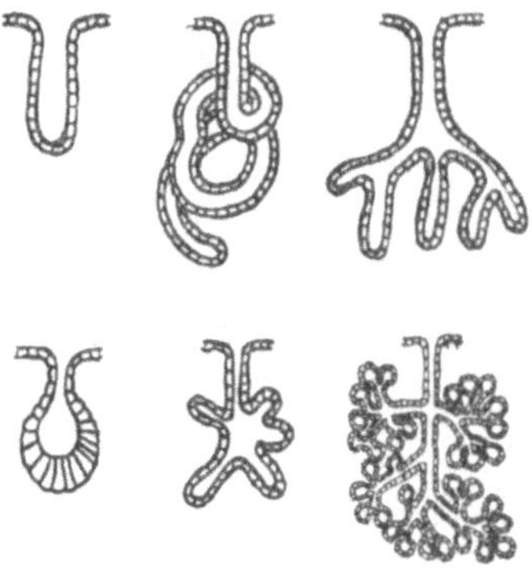

Abb. 4. Hautdrüsenformen. Von links nach rechts, oben: Gerade, verknäuelte und verzweigte Schlauchdrüse. Unten: Einfache, verzweigte und zusammengesetzte Beerendrüse. Nach Torrey 1962.

tert sich am Grunde weinbeerenartig (acinöse oder alveoläre Drüse). Ihre muskellose Wand trägt ein mehrschichtiges (pleo- bis polyptyches) Epithel, geht bei der Sekretion zugrunde (holokrin, nekrobiotisch sezernierend) und verstopft dabei den Drüsenkanal (temporär kanalisiert). Die einfachschlauchige oder verästelte, schlicht- oder knäuelendige, spiralmuskelumschlungene, einschichtoberhäutige (monoptyche) Schweißdrüse sezerniert mehrfach (merokrin, ekkrinvital). Zwischen Talg- und Schweißdrüse steht die apokrine Drüse, bei der das Epithel bei der Ausscheidung nur teilweise zugrundegeht (Kuppelsekretion) und sich wieder erneuert. Duftorgane enthalten entweder nur eine der beiden Drüsenformen oder beide gemischt, meist mit Überwiegen eines Typs. Man findet sie an allen Körperstellen, vor allem aber am

Kopf (z. B. Voraugen-, Nasen-, Wangen-, Kinn-, Stirn-, Hinterhorn-, Hals-, Flanken-, Klauen-, Weichen-, After-, Schwanzdrüsen u. a.). Fast jede Art trägt mehrere an verschiedenen Körperstellen, die meist lebensaltermäßig oder jahreszeitlich erst nacheinander tätig werden. Manche Sekrete werden indu-

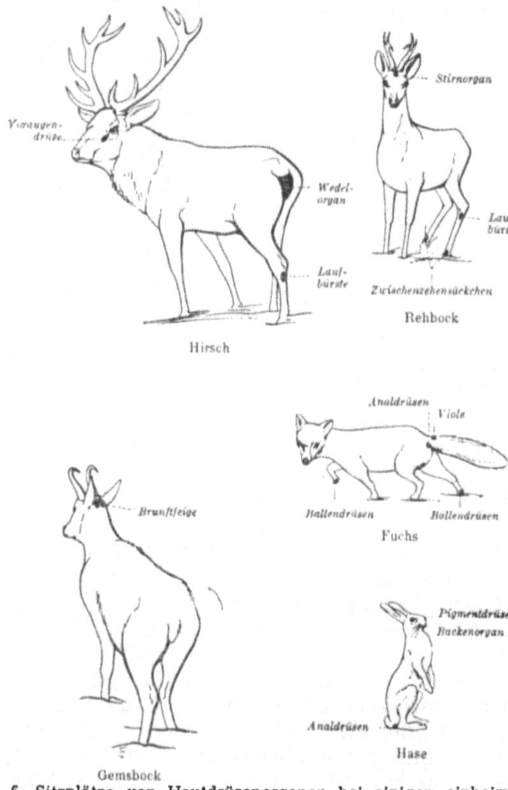

Abb. 5. Sitzplätze von Hautdrüsenorganen bei einigen einheimischen Wildtieren. Nach Schumacher von Marienfrid 1939.

striell verwertet wie z. B. Moschus, Bibergeil und Zibet für die Herstellung von Parfümen.

Durchgehendes Merkmal aller und ausschließlich nur den Säugetieren eigenes ist das Haarkleid oder Fell (gegerbt heißt es Pelz). Es kennzeichnet sie treffender als das Wort Säugetier, da ja die Kloakentiere infolge Zitzenmangels nicht säugen. Auch die weitgehend nackthäutigen Arten (Wale, Seekühe, Flußpferde, Elefanten, Nashörner, Erdferkel u. a.) tragen embryonal oder nachgeburtlich noch mehr oder minder Einzelhaare, während die Haarlosigkeit der Nackthunde z. B. nur eine vom Menschen künstlich erhaltene abnorme Mutante darstellt.

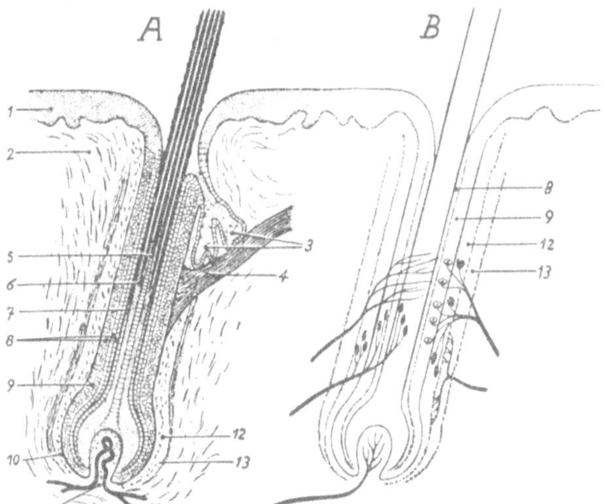

Abb. 6. Längsschnitt durch das Haar eines Säugetieres im Haarbalg (A), daneben dasselbe Haar mit seinen Nerven (B). 1=Epidermis, 2=Cutis, 3=Haarbalgdrüsen, 4=Haarbalgmuskeln, 5=Haarmark, 6=Haarrinde, 7=Cuticula, 8=innere Wurzelscheide, 9=äußere Wurzelscheide, 10=Bindegewebshülle, 11=Cutispapille mit Gefäßschlinge, 12=innere, mehr ringförmige Bindegewebshülle, 13=äußere, mehr längsgerichtete Bindegewebshülle. Nach Portmann 1959.

Das H a a r ist ein mit einer Wurzel (Radix) in die Oberhaut eingesenkter und mit einem Schaft über sie hinausragender Hornfaden, der aus drei Hauptschichten verhornter Zellen (Mark oder Medulla, Rinde oder Cortex und Oberhaut oder Cuticula) aufgebaut ist. Zwischen und in den nur wenig verhornten, lokker-blasigen Markzellen sitzt Luft als wichtiger Temperaturdämmer des Haarkleides. Die langspindelförmigen festen Rindenzellen verleihen dem Haar die

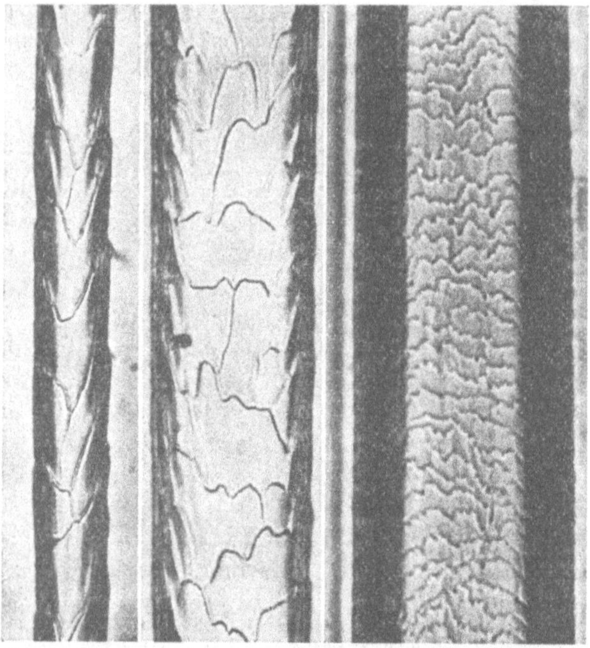

Abb. 7. Cuticulaverschiedenheiten an einem Säugetierhaar, hier Grannenhaar der Schneemaus. Links: Am Grunde, Mitte: Oberer Basisbereich, Rechts: Spitzenbereich. Rund 350fach vergrößert. Nach Kahmann & Halbgewachs 1962.

Dehnbarkeit, die schuppig oder dachziegel- bis ringförmig übereinandergreifenden Oberhautzellen das für Haarteil, Körperteil und Art kennzeichnende Aussehen des Einzelhaares. Die kolbig verdickte Haarwurzel (-zwiebel, Bulbus) sitzt unterseits eingedellt auf einer Lederhautpapille und bildet mit der von einer epidermialen inneren und äußeren Wurzelscheide ausgekleideten Hauttasche, in der sie drinsteckt, die Haartasche oder den Haarfollikel. Die Haartasche wiederum wird von einem bindegewebi-

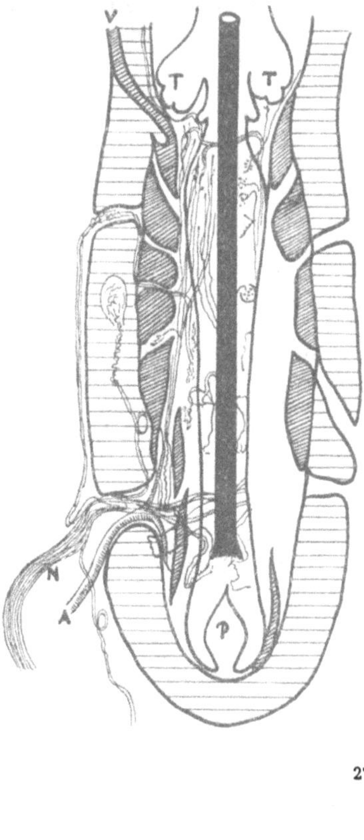

Abb. 8. Längsschnittschema eines Sinushaares, hier des Rindes, zum Aufzeigen der Blut und Nervenversorgung (Gefäße und Nerven nur linksseitig eingezeichnet). Schwarzer Mittelschaft= Haar, waagerecht schraffiert =Haarbalg, schräg schraffiert=Blutsinus, A=Arterie, N=Nervenbündel, P=Papille, T=Talgdrüse, V= Vene. Nach Tretjakoff aus Pinkus 1927, vereinfacht.

gen Haarbalg der Lederhaut umgeben, in dem die Nerven, Blut- und Lymphgefäße verlaufen, in den die normalerweise jedem Haar zugehörige Talg- und Schweißdrüse mündet und an dem der haaraufrichtende, kleine glatte Muskel (Arrector pili) angreift. Die von der Keimschicht (Matrix) der Haarzwiebel auswachsenden Zellen des neuen Haares schnüren das alte Haar von ihr ab und schieben es vor sich her aus der Haartasche (Haarwechsel). Spür-, Tast- und Schnurrhaar-Haarbälge sind besonders nervenreich und mit venösen Bluthohlräumen zum Verstärken der Druck- und Tastempfindlichkeit erfüllt (Sinus- oder Sinneshaare).

Das Haarkleid wird meistens aus vier übereinandergestuften H a a r f o r m e n aufgebaut. Die längsten und empfindlichsten sind die Sinushaare an Kopf (Schnurrhaare u. a.), Hand- und Fußwurzel (Vibrissae), Bauch und Flanken als Berührungsanzeiger. Die auch stark tastempfindlichen Leithaare sind kürzer, überragen aber noch die kräftigen Grannenhaare, mit denen sie zusammen das Ober- oder Deckhaar als Körperschutzhülle darstellen. Die unterste und kürzeste Schicht (Unterhaare) bilden die sehr feinen und sehr dicht stehenden körperwärmehaltenden Woll- oder Flaumhaare. Ein Einzelhaar kann von Körperteil zu Körperteil am selben Tier oder dort nach Altersstufen oder Jahreszeiten verschieden sein. Borsten und Stacheln sind verstärkte Grannenhaare.

Die F a r b e e i n e s H a a r e s entsteht aus Luftgehalt bzw. Lichtbrechung und Pigment (eingelagerten Farbstoff) ev. unter Ergänzung aus aufgelagerten

→

Abb. 9a. Einige Beispiele für die Verschiedenartigkeit des Zeichnungsmusters bei Säugetieren.
a) Von rechts nach links: 1. Reihe: Dreistreifen-Spitzmausbeutelratte, Streifenhörnchen, Streifenskunk, Ameisenbeutler, Zebraducker, Zebramanguste. 2. Reihe: Beutelmarder, Fleckendelphin, Axishirsch, Fleckenkuskus, Klappmütze, Hyänenhund. Nach Haltenorth 1964.

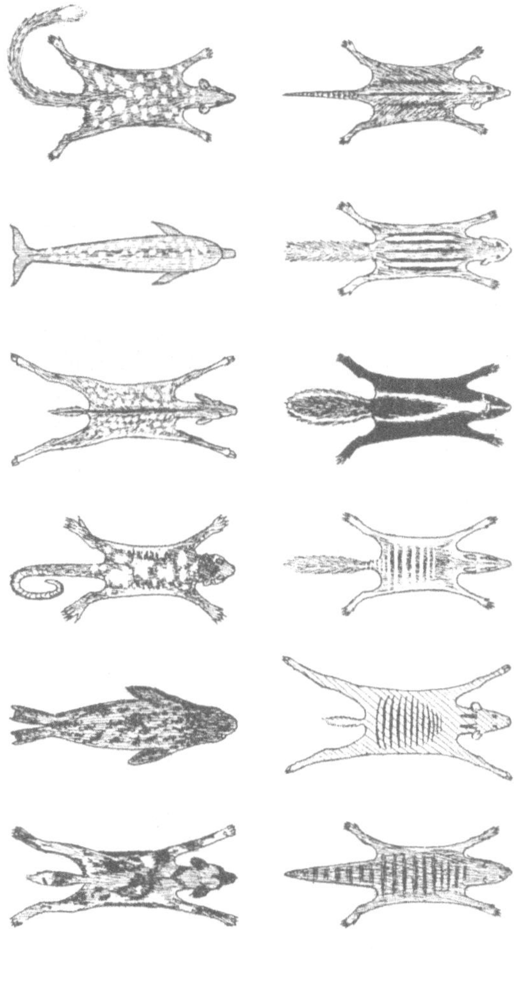

Abb. 9a.

Abb. 9b.

Abb. 9b. Einige Beispiele für die Verschiedenartigkeit des Zeichnungsmusters bei Säugetieren.
b) Von links nach rechts. 1. Reihe: Finnwal, Sattelrobbe. 2. Reihe: Honigdachs, Hamster, Schabrackentapir, Bambusbär. 3. Reihe: Pinselohrschwein, Riesenhörnchen, Kleideraffe. Pinselohrschwein Rumpffarbe hellrotbraun, Riesenhörnchen gestrichelte Teile dunkelrot, gepunktete gelb. Kleideraffe „Jacke" und „Mütze" grau, Bart, „Weste", „Unterärmel" und Schwanz weißgrau, „Oberärmel", „Handschuhe", „Kniehose" und „Schuhe" schwarz, „Kragen" und „Strümpfe" braun. Natürliche Größenverhältnisse unberücksichtigt. Nach Haltenorth 1964.
←

farbigen Hautdrüsensekreten oder durch Abnutzung. Die Haarfarbe dient dem Wärmehaushalt, als Strahlen- und Sichtschutz und als Schmuck. Das Pigment wird von der Matrix gebildet und von dort feinst verteilt (diffus) oder körnig- bis stäbchenförmig hauptsächlich in die Rinde, weniger ins Mark, selten in die Oberhaut netzig oder streifig gelagert. Meist gruppiert es sich zu Querbändern, deren Gesamtfarbenzusammenklang die schützende Wild- oder Agutifärbung ausmacht.

Die Körperfarbe ist einheitlich oder uneinheitlich, gleich- oder ungleichmäßig gemustert. Von feinen Farbspritzern bis zu großen Plattenschecken, von schwach angedeuteter bis zu starker Quer-, Längs- oder Schrägstreifung, von Vollflecken zu Rosetten usw. kommen alle Übergänge vor. Auch das Normalverhältnis von dunkler Ober- zu heller Unterseite kann verkehrt sein (Kontrastfärbung, z. B. Honigdachs) oder der Farbgegensatz von Rumpf zu Beinen (Stiefelung). Außer der meist gegebenen unauffälligen Färbung (Schutzkleid) können grellbunte Farbkleider auftreten. Weiß-, Gelb-, Rot- oder Dunkelfärbung (Leucis-, Flavis-, Rufinis-, Melanismus) bilden außer normaler Artfarbe nicht nur Individualmutanten, sondern können auch klimabeeinflußt zu finden (Glogersche Regel) oder verbreitungsgeschichtlich bedingt (chorologisch) sein (Elimination).

Im Lebensablauf folgen im Haarformenanteil meist verschiedene Altersstufenkleider (Nest-,

Jugend-, Alterskleid u. ä.), im gemäßigten Klima dazu noch Jahreszeitentrachten (Sommer-, Winterfell) aufeinander (Haarung oder Mauser). Die Haarzahldichte kann mehrere tausend Haare je cm^2 (beim Manul z. B. rd. 8000) und etliche Millionen insgesamt (Karakulschaffell z. B. rd. 60 000 000) erreichen. Die Einzelhaarwachstumsgeschwindigkeit beträgt täglich Bruchteile eines bis mehrere mm, die Lebensdauer einige Wochen bis mehrere Jahre.

Skelett

Das innere Skelett oder Gerippe (Entosceletum) besteht aus Knochen, Knorpel und Gelenken, stützt und bewegt den Säugetierkörper als ein Teil des im übrigen auch noch aus Sehnen, Bändern und Muskeln (nebst Nerven, Gefäßen usw.) bestehenden Bewegungsapparates (Motorium), birgt und schützt in seinem Brust- und Beckenraum die dort liegenden Eingeweide und trägt in seinem Vorderteil, dem Schädel, die wichtigsten Sinnesorgane, Gehirn, Gebiß, Stirnwaffen und die Eingangspforten zu Lunge und Verdauungssystem. Ein Außenskelett (Exosceletum) außerdem tragen nur die Gürteltiere als Hautknochenpanzer. Zum Innenskelett gehören als Hauptteile einmal das axiale Stamm- und Kopfskelett (Somato- und Visceralskelett), zum anderen das anhängende (appendiculäre) Gliedmaßen- oder Extremitätenskelett. Das Kopfskelett setzt sich zusammen aus Kiefer, Zungenbein und Kehlkopf, das Stammskelett aus Hirnschädel, Wirbeln, Rippen und Brustbein und das Gliedmaßenskelett aus den Gürteln oder Zonoskeletten der Schulter und des Bekkens mit den zugehörigen Vorder- und Hinterbeinen. Die eingelagerten (splanchnischen) Knochen in Rüsselscheibe, Herz, Penis, Clitoris u. ä. gehören nicht zu den Skelettknochen im eigentlichen Sinne.

Der S c h ä d e l (Cranium) setzt sich aus Ober- und Unterschädel zusammen, ersterer aus Hirn- und Gesichtsschädel (Neuro- und Splanchnocranium oder Cranium cerebrale und viscerale), letzterer aus Unterkiefer (Mandibula) und Zungenbein (Os hyoides).

Die Knochen des H i r n s c h ä d e l s (Ossa neurocranii) gliedern sich in einen hinteren (occipitalen), mittleren (parietalen) und vorderen (frontalen) Gürtel, von denen jeder aus einem unteren-mittleren (basal-axialen), seitlichen (lateralen) und oberen (dorsalen) Teil besteht. Der Hintergürtel wird vom Hinterhauptsbein (Os occipitale) mit seinem basal-axialen Basioccipitale, zwei lateralen Exoccipitalia und dem oberen Supraoccipitale gebildet, der Mittel-

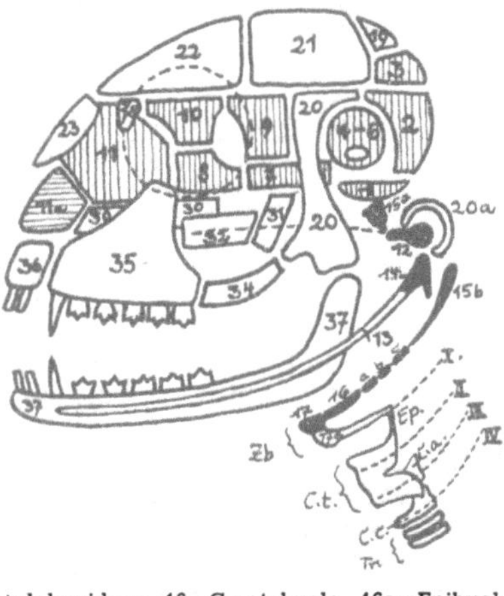

Abb. 10. Schema eines Säugetierschädels. Deckknochen ungemustert, Ersatzknochen senkrecht schraffiert oder schwarz. Meckel'scher Knorpel (13) weiß. Unterbrochener Kreisstrich = Augenhöhle. Unterbrochener Waagerechtstrich = Verlauf des geschwundenen knorpeligen Palatoquadratum. 1 = Basioccipitale, 2 = Exoccipitale, 3 = Supraoccipitale, 4—6 = Auditorialregion (Prooticum, Opisthoticum, Epioticum), 7 = Basisphenoid, 8 = Praesphenoid, 9 = Alisphenoid, 10 = Orbitosphenoid, 11 = Ethmoid, 11a = Septum nasale, 12 = Quadratum, 13 = Meckel'scher Knorpel, 14 = Articulare, 15a = Stapes, 15b = Processus stylohyoideus, 16 = Ceratohyale, 16a = Epihyale, 16b = Stylohyale. 16c = Tympanohyale, 17 = Basihyale, 17a = Thyreohyale, Ep. = Epiglottis, Ca. = Cartilago arytaenoidea, C. c. = Cartilago cricoidea, C. t. = Cartilago thyreoidea, Tr. = Trochea, Zb. = Zungenbein, 19 = Postparietale, 20 = Squamosum (Temporale), 20a = Tympanicum, 21 = Parietale, 22 = Frontale, 23 = Nasale, 30 = Vomer, 31 = Pterygoid, 32 = Palatinum, 34 = Jugale, 35 = Maxillare, 36 = Praemaxillare, 37 = Dentale. Nach Kühn 1946, verändert.

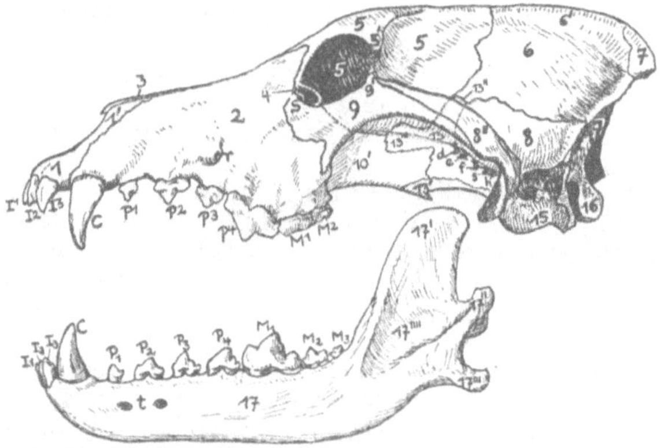

Abb. 11. Schädel eines Wolfes, in Seitenansicht. 1=Intermaxillare, 1'=Processus nasalis des Intermaxillare, 2=Maxillare, 3=Nasale, 4=Lacrimale, 5=Frontale, 5'=Processus zygomaticus des Frontale, 6=Parietale, 6'=Crista sagittalis des Hirnschädels, 7=Occipitale, 8=Temporale, 8''=Processus zygomaticus des Temporale, 9=Zygomaticum, 9'=Processus frontale des Zygomaticum, 10'=Pterygoid, 13'=Processus sagittalis des Pterygoid, 15=Bulla auditiva s. tympanica, 16=Condylus occipitalis, 17=Corpus mandibulare, 17'=Processus coronoideus s. musculares, 17''=Processus articularis, 17'''=Processus angularis, 17''''=Fossa masseterica, I 1, I 2, I 3=Incisivi, C=Canini, P 1, P 2, P 3, P 4=Praemolares, M 1, M 2, M 3=Molares, r=Foramen infraorbitale, t=Foramina mentalia, d=Foramen opticum, e=Fissura orbitalis, f=Foramen alare orale s. rotundum s. pterygoideum anterior, g=Foramen alare aborale s. pterygoideum posterior, h=Foramen orale. Nach Haltenorth 1958, verändert.

gürtel vom Keilbein (Os sphenoides) mit dem basalaxialen Basisphenoid und zwei hinteren Seitenflügeln (Alisphenoidea) sowie dem lateralen paarigen Schläfenbein (Os temporale), dorsalen Scheitelbein (Os parietale) und unpaaren Zwischenscheitelbein (Os interparietale), der Vordergürtel vom basalaxialen Vorkeilbein (Praesphenoid), lateral den zwei vorderen Keilbeinflügeln (Orbitosphenoidea) und dorsal dem paarigen Stirnbein (Os frontale). Mundwärts schließt die Hirnkapsel mit dem von Riechnervenfasern durchlöcherten Siebbein (Os ethmoides) ab. Jedem Schläfenbein ist eine dreiteilige

Felsenbeinpyramide meist fest angegliedert. Sie enthält das Felsenbein (Petrosum) mit dem Innenohr (Schnecke, Cochlea und Vorhof, Vestibulum), das Paukenbein (Tympanicum) mit Paukenblase (Bulla tympanica) und Paukenhöhle (Cavum tympani) und das Warzenbein (Mastoideum). Die Paukenhöhle trägt den Paukenring (Annulus tympanicus) mit dem darin ausgespannten Trommelfell (Membrana tympani) und die Dorsalbucht (Epitympanicum) mit den drei Gehörknöchelchen Hammer (Malleus), Amboß (Incus) und Steigbügel (Stapes).

Der dem Hirnschädel fest ansitzende Gesichtsschädel besteht aus dem paarigen Oberkieferbein (Os maxillare), Zwischenkieferbein (Os prae- oder intermaxillare oder incisivum), Gaumenbein (Os palatinum), Flügelbein (Os pterygoides), Nasenbein (Os nasale), Tränenbein (Os lacrimale), Jochbein (Os zygomaticum) und dem unpaaren Pflugscharbein oder Vomer. In die Nasenhöhle hinein entfalten Sieb- und Oberkieferbein schleim- und riechhauttragende Sieb- und Kieferbeinmuscheln (Ethmo- und Maxilloturbinalia). Zahnträger sind nur Ober-, Zwischen- und Unterkieferbein, letzteres auch Dentale genannt, das ohne Zwischenschaltung eines anderen Knochens unmittelbar am Schädel angelenkt ist. Zum Gesichtsschädel gehört auch noch das Zungenbein (Hyoid) mit dem unpaaren Zungenbeinkörper (Basihyoid), paarigen Kehlkopfhorn (Thyreohyoid) zum Kehlkopf hin und paarigen, zusammengesetzten Zungenbeinast (Cerato-, Epi-, Stylo- und Tympanohyoid) als Zungengrundaufhänger zum Hirnschädelboden hin.

Bei der Keimentwicklung werden am Säugetierschädel nur noch die basalen und nasalen Teile knorpelig als Primordialcranium vorgebildet und dann knöcherig ersetzt (Ersatzknochen), während die dorsalen und lateralen Teile — als da sind Parietale, Interparietale, Temporale, Tympanicum,

Frontale, Lacrimale, Nasale, Jugale, Maxillare und Praemaxillare — und dazu noch Vomer, Pterygoid, Palatinum und Dentale als nur häutig vorgebildete Beleg- oder Deckknochen entstehen. Die Verwachsungsflächen der Schädelknochen bleiben meist auch beim erwachsenen Tier als meist zackige Nähte (Suturae) erhalten.

Der Schädel vieler Säugetiere ist Träger von Waffen (K o p f w a f f e n) in Form verstärkter Schneide- oder Eckzähne (Narwal, Elefanten, Flußpferde, Schweine, niedere Hirsche, Raubtiere, Hundsaffen) oder Nasenhörner oder Stirnhörner (Giraffen, Gabelhornantilopen, Rinder) oder Geweihe (Hirsche). Die Nasenhörner der Nashörner werden ohne Knochenkern aus verhornten Oberhautlamellen gebildet. Geweihe und Hörner haben als Grundlage ein Stirnbein-

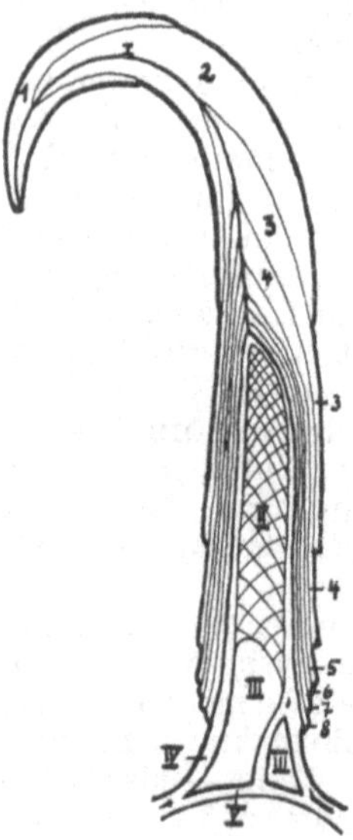

Abb. 12. Aufbau des Gemsenhornes, schematisch. 1=erste Wachstumsstufe der Hornscheide (sog. Hörnchen) 2—8= 2.—8. Wachstumsstufe der Hornscheide, I=Zentralkanal, II=Knochenzapfen, III =Knochenzapfenhöhle, IV=Knochenzapfenhals, V=Stirnbein. Nach Schumacher von Marienfrid 1942, verändert.

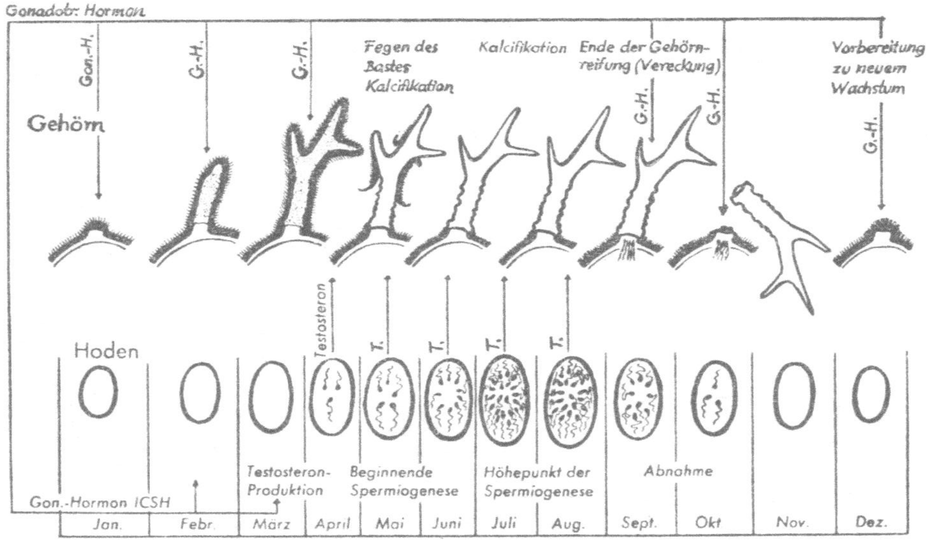

Abb. 13. Beziehungen zwischen Gehörnbildung und Hoden, schematisch. G.—H.=Gonadotropes Hormon, T=Testosteron. Nach Tachezy 1956, verändert.

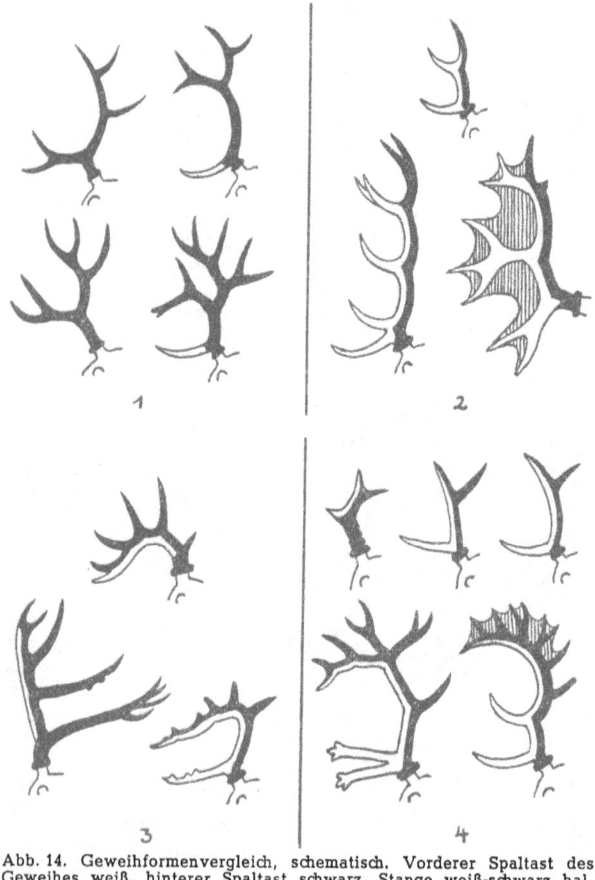

Abb. 14. Geweihformenvergleich, schematisch. Vorderer Spaltast des Geweihes weiß, hinterer Spaltast schwarz, Stange weiß-schwarz halbiert, Schaufel schraffiert. 1 oben links Sumpfhirsch, oben rechts Barasingha, unten links Maultierhirsch, unten rechts Schomburgk-Hirsch; 2 oben Sambar, unten links Rothirsch, unten rechts Elch; 3 oben Weißwedelhirsch, unten links Milu, unten rechts Leierhirsch; 4 oben links Reh, oben Mitte Kamphirsch, oben rechts Axishirsch, unten links Renhirsch, unten rechts Damhirsch. Nach Beninde 1937, verändert.

zapfenpaar, dessen Enden entweder hornumscheidet dauerwachsen (Hornträger) oder oberhalb der als Rosenstöcke bezeichneten Unterteile meist im Jahreszeitenrhythmus unter Hypophysen- und Keimdrüsensteuerung abgeworfen und unter Haut-(Bast-)schutz neu gebildet werden (Hirsche).

Zum Kopfskelett gehört auch der am oberen Ende der Luftröhre (Trachea) sitzende Kehlkopf (Larynx), der als Träger der Stimmbänder (Ligamenta vocalia) mit Muskeln versehen die Lautgebung sehr tonreich und veränderlich gestalten kann und sich in seinen Hauptteilen aus Ring- (Cartilago cricoides), Stell- oder Gießbecken- (C. arytenoides), Schildknorpel (C. thyreoidea) und Kehldeckel (Epiglottis) aufbaut. Doch ist zu bemerken, daß die Stimmgebung nicht unbedingt an ausgebildete Stimmbänder gebunden ist, was z. B. die z. T. lautreichen Wale belegen. Unter den für ihre Orientierung mit Ultraschallwellen-Echopeilung arbeitenden Säugetieren ist vor allem der Fledertierkehlkopf besonders für das Erzeugen solcher Wellen eingerichtet. Die Zahnwale haben zudem den Kehlkopfeingang rohrartig bis in die hintere Nasenöffnung verlängert, so daß Atmen und Nahrungsschlucken gleichzeitig möglich sind. Die Kehlkopfschleimhaut kann sich zwischen den Knorpeln ventral paarig oder unpaarig vorstülpen und kleinere bis sehr große Luftsäcke bilden, die bis unter die Achseln zu reichen vermögen (Kehl-, Laryngealsäcke oder Rachentaschen). Sie dienen u. U. als Resonanzboden für die Stimme oder als Kopfauflage (z. B. bei alten Orangmännchen).

Das Stammskelett wird von der aus 26 – 90 knöchernen Wirbeln (Vertebrae) und dazwischen liegenden knorpeligen Zwischenwirbelscheiben (Disci intervertebrales) zusammengesetzten Wirbelsäule (Columna vertebralis, Spina dorsalis) getragen, deren Hauptabschnitte als Hals-, Rumpf- und Schwanzwirbelsäule (Col. vert. colli, trunci, caudae) bezeichnet werden. Von ihnen gliedert sich der Rumpfabschnitt weiter in Brust-, Lenden- und Kreuzwirbelsäule (C. v. trunci thoracalis, lumbalis, sacralis).

Die Zahl der Halswirbel (Vertebrae cervicales) beträgt fast stets 7, nur bei der Rundschwanzseekuh und dem Hoffmannschen Zweizehenfaultier 6 und beim Dreizehenfaultier 8 – 9. Diese Abweichungen beruhen auf der Verschiebung der Grenze zwischen Hals- und Brustwirbelsäule, die nach der Rippenform bestimmt wird. Wirbel mit verkümmerten Rippen, die das Brustbein nicht erreichen, zählen noch als Halswirbel, solche mit vollständigen, mit dem Brustbein verbundenen Rippen bereits als Brustwirbel. Der erste Halswirbel oder Kopfträger (Atlas) enthält die Gelenkpfanne des Hinterhauptsgelenkes, dessen stets zwei Gelenkhöcker am Occipitale neben dem Hinterhauptsloch (Foramen magnum), der Rükkenmarkeintrittsstelle, liegen. Der zweite Halswirbel oder Umdreher (Epistropheus) trägt einen Zapfen (Dens epistrophei, Processus odontoideus), um den sich der Atlas dreht. Bei Gürteltieren und einigen grabenden, springenden und tauchschwimmenden Säugetierarten können vom 2. nach hinten einige oder alle Halswirbel verschmelzen.

Die Brustwirbel (Vertebrae thoracici) tragen die Rippen (Costae). Normalzahl ist 13, doch kann sie auf 9 absinken oder auf 25 ansteigen. Wie zwischen Hals- und Brust- ist auch die Grenze zwischen Brust- und Lendenwirbeln nicht unverrückbar. Verwachsen die letzten kurzen Rippen fest mit ihren Wirbeln, werden letztere zu Lendenwirbeln (Vertebrae lumbales). Ihre Zahl schwankt zwischen 2 und 9 und geht bei den Walen bis 21. Von ihnen werden die mit dem Darmbein (Os ilium) des Beckens verbundenen als Kreuzwirbel (Vertebrae sacrales) bezeichnet. Die Zahl der Schwanzwirbel (Vertebrae caudales) schwankt zwischen 3 und 49. Wenige Wir-

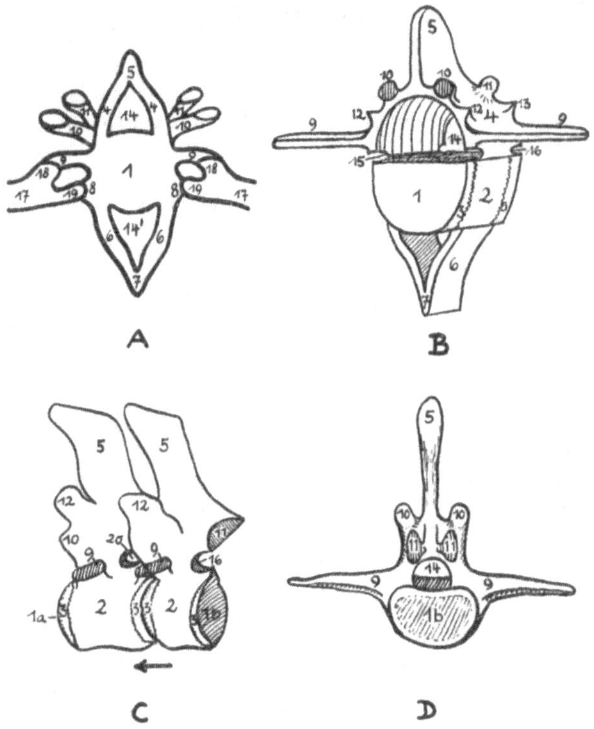

Abb. 15. Wirbelbau. A=Schema eines Wirbeltierwirbels; B=Schema eines Säugetierwirbels; C=letzte zwei Brustwirbel des Pferdes, Ansicht von links, Pfeil zeigt kopfwärts; D=Lendenwirbel des Pferdes in Rückansicht. 1=Centrum vertebrae (Corpus vertebrae s. l.), 1a=Facies terminalis cranialis, 1b=Facies terminalis caudalis, 2=Corpus vertebrae s. str. (Diaphysis), 3=Epiphysis, 4=Arcus neuralis, 5=Processus spinalis neuralis, 4 u. 5=Neurapophysis, 6=Arcus haemalis, 7=Processus spinalis haemalis, 8=Parapophysis, 9=Diapophysis, Processus transversus, 10=Praezygapophysis, Processus articularis cranialis, 11=Postzygapophysis, Processus articularis caudalis, 12=Processus mamillaris, 13=Processus accessorius, 14=Foramen vertebrae, 14'=Foramen subvertebrale, 15=Incisura vertebralis cranialis, 16=Incisura vertebralis caudalis, 17=Costa, 18=Tuberculum costae, 19=Capitulum costae. Nach Haltenorth 1964.

bel eines Stummelschwanzes können zu einem Steißbein (Os coccygis) verwachsen.

Brustwirbelsäule, Rippen und Brustbein formen zusammen den Brustkorb (Thorax), der Herz und Lunge, bei Ameisenbären und Schuppentieren auch die Zungenwurzel, und beim Dreizehenfaultier eine doppelbogig verlaufende Luftröhre enthält. Die Rippenzahl entspricht der Brustwirbelzahl (s. oben). Die vorderen verbinden sich als echte unten mit dem Brustbein (Costae verae oder vertebro-sternales), die nachfolgenden als unechte mit den echten (Costae spuriae oder vertebrales), erreichen also das Brustbein nicht, und die letzten hängen als falsche frei von den Wirbeln (Costae fluctuantes). Am Brustbein (Sternum) werden von vorn nach hinten drei Abschnitte (Griff, Klinge und Schwertfortsatz; Manubrium, Gladiolus und Xiphisternum) unterschieden. Bei den Fledertieren verstärkt sich das Brustbein durch einen Kiel als Brustmuskelansatzvergrößerungsfläche, bei den Schuppentieren verlängert es sich als Zungenstütze in zwei Stäben bis ins Becken, während bei den Bartenwalen nur noch ein Griffrest vorhanden ist.

Beim Gliedmaßenskelett setzt sich jede der beiden Vorder- und Hintergliedmaßen (Ossa extremitatis thoracicae et pelvinae) aus Gürtel (Cingulum extremitatis), Säule (Podium ext.) und Spitze (Autopodium ext.) zusammen, jeder Gürtel wiederum aus 3 Knochen, jede Säule aus 2 und jede Spitze aus 3 Knochengürteln. Der Schultergürtel umfaßt Schulterblatt (Scapula), Schlüsselbein (Clavicula) und Rabenschnabelbein (Coracoid); in dieser Vollständigkeit allerdings nur bei den Kloakentieren. Sonst bleibt das Coracoid nur als Schulterblattvorsprung (Processus coracoideus) und auch das Schlüsselbein nur bei kletternden, grabenden oder greifenden Säugern vollständig erhalten. Der Beckengürtel besteht aus Darm-, Scham- und Sitzbein (Os ilium, pubis et ischii). Dem Schambein der Beutel- und Kloakentiere beiderlei Geschlechts sitzt ein stabförmiger Beutelknochen (Os marsupialis) unbekannter Bedeutung

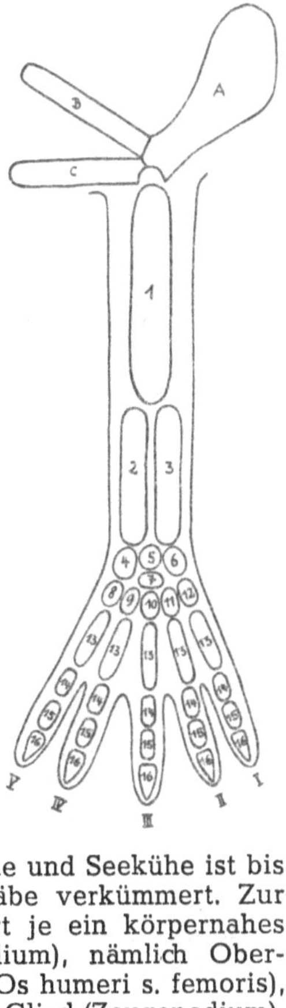

Abb. 16. Schema der fünfstrahligen Säugetiergliedmaßengrundform. A=Scapula/Ilium, B=Clavicula/Pubis, C=Coracoid/Ischium, 1=Humerus/Femur, 2=Ulna/Fibula, 3=Radius/Tibia, 4=Ulnare/Fibulare, 5=Intermedium, 6=Radiale/Tibiale, 7=Centrale, 8—12=Carpale/Tarsale V—I, 4—12=Carpus/Tarsus, 13=Metacarpus/Metatarsus bzw. Metacarpale/Metatarsale I—V, 14=Phalanx 1, 15=Phalanx 2, 16=Phalanx 3, 14—16=Digiti I—V. Nach Kühn 1946 und Montagna 1959, verändert.

auf. Der Beckengürtel der Wale und Seekühe ist bis auf zwei einfache Knochenstäbe verkümmert. Zur Säule jeder Gliedmaße gehört je ein körpernahes (proximales) Glied (Stylopodium), nämlich Oberarm- bzw. Oberschenkelbein (Os humeri s. femoris), und ein körperfernes (distales) Glied (Zeugopodium), nämlich Unterarm (Antibrachium) mit Elle (Ulna) und Speiche (Radius) oder Unterschenkel (Crus) mit Schien- und Wadenbein (Tibia et Fibula). Die Spitze wird aufgebaut von der Hand- bzw. Fußwurzel (Basis. Propodium, Carpus s. Tarsus), Mittelhand bzw.

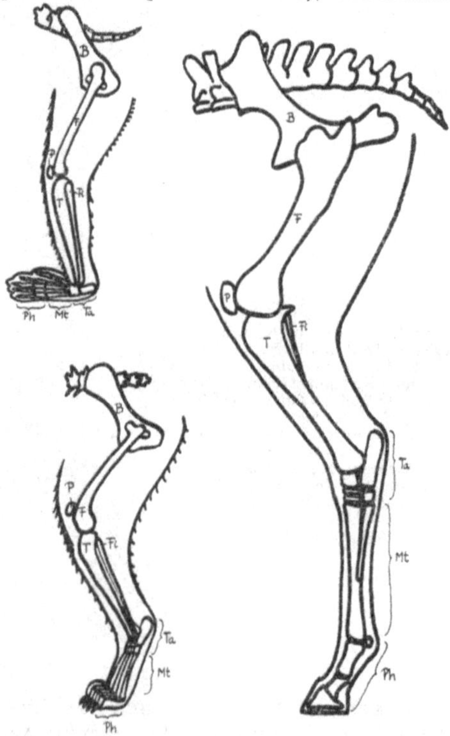

Abb. 17. Bauverschiedenheiten der Hintergliedmaße. Oben links Makak als Sohlengänger, unten links Hund als Zehengänger, rechts Pferd als Zehenspitzengänger. B=Becken, F=Femur, P=Patella, T=Tibia, F=Fibula, Ta=Tarsus, Mt=Metatarsus, Ph=Phalangen. Größenverhältnisse der Arten zueinander unberücksichtigt. Nach Kühn 1946 aus Brehm 1912, verändert.

-fuß (Metapodium, Metacarpus s. -tarsus) und Fingern bzw. Zehen (Acropodium, Digiti). Die Handwurzel besteht normalerweise aus 9, die Fußwurzel aus 7 – 4 kleinen Knochen, Mittelhand und -fuß aus je 5 kleinen Röhrenknochen (Ossa metacarpi s. metatarsi), jeder Finger oder Zeh aus 3 Gliedern (Pha-

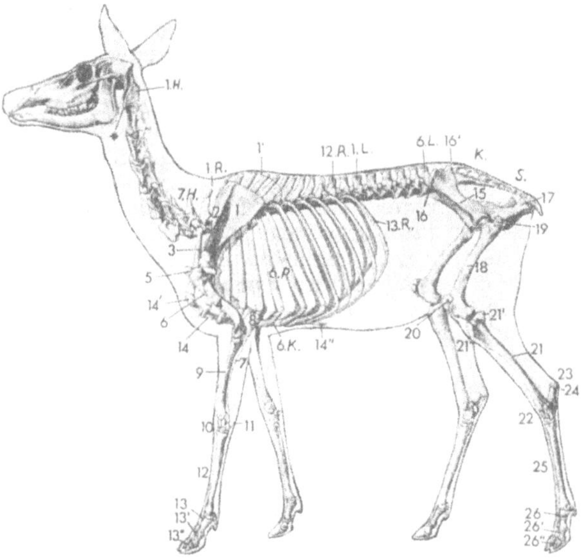

Abb. 18. Rottierskelett im Körperumriß. 1=Scapula, 1'=Rand des Schulterblattknorpels, 2=Spina scapulae, 3=Acromion, 4=Humerus, 5=Tuberositas externa, 6=Rotator humeri, 7=Ulna, 8=Olecranon, 9=Radius, 10=Carpus, 11=Os pisiforme, 12=Metacarpus, 13=Phalanx 1, 13'=Phalanx 2, 13''=Phalanx 3, 14=Sternum, 14'=Manubrium sterni, 14''=Cartilago xiphoidea, 15=Ossa pubis, 16=Tuber coxae, 16'=Tuber sacrale, 17=Tuber ischidicum, 18=Femur, 19=Trochanter major, 20=Patella, 21=Tibia, 21'=Epicondylus externus tibiae, 21''=Crista tibiae, 22=Tarsus, 23=Calcaneus, 24=Tuber calcanii, 25=Metatarsus, 26=Phalanx 1, 26'=Phalanx 2, 26''=Phalanx 3. 1. H.=1. Halswirbel, 7. H.=7. Halswirbel, 1. R.=1. Rückenwirbel, 12. R.=12. Rückenwirbel, 1. L.=1. Lendenwirbel, 6. L.=6. Lendenwirbel, K.=Kreuzbein, S.=Schwanzwirbel, 6. K.=Knorpel der 6. Rippe, 6. R.=6. Rippe, 13. R.=13. Rippe, *=Atlasflügel. Nach Ellenberger-Baum-Dittrich 1949.

langes), Daumen und Großzehe (Pollux und Hallux) jedoch nur aus 2.

Je nach Lebens- und damit Fortbewegungsweise sind die beiden Gliedmaßengürtel gleichwertig oder der vordere (Gräber, Hangler, Flieger, Schwimmer) oder der hintere (Springer, Läufer) verstärkt ausgebildet, berührt das Autopodium den Boden mit ganzer Sohle (Sohlengang, Plantigradie), nur mit den Zehen (Zehengang, Digitigradie) oder nur mit den Zehenspitzen (Zehenspitzengang, Unguligradie). Entsprechend sind dann auch Hand und Fuß umgebaut, durch Vordaumen (Praepollux) oder Sichelbein (Os falciforme) über die 5-Strahlenzahl hinaus vermehrt und verbreitert (Gräber) oder in der Phalangenzahl vermehrt und damit verlängert (Walflosse) oder durch Schwimm- oder Flughäute vergrößert oder durch Strahlenschwund und Knochenverwachsung vereinfacht (Huftiere) usw. Ist der Daumen oder die Großzehe den übrigen Strahlen gegenüberstellbar (opponierbar), wird das Autopodium funktionell zur Hand, auch wenn es ein Fuß ist (Vierhändigkeit der Affen).

Muskulatur

Der Säugetierkörper trägt der Herkunft nach zwei verschiedene Muskelarten, die somatische oder quergestreifte und die viscerale oder glatte Muskulatur. Dem Bau nach kommt als dritte noch die Herzmuskulatur hinzu. Grundeinheit der glatten Muskulatur bilden lange, spindelförmige Zellen mit einem zentral gelegenen Kern und einem aus einem Bündel allerfeinster Längsfäden zusammengepackten Zelleib, der im Lichtmikroskop einheitlich wirkt. Grundeinheit der quergestreiften Muskulatur sind faserförmige vielkernige Zellen (Syncytien), die mit einer feinkörnigen Masse (Sarcoplasma) erfüllt sind, in der feine quergestreifte Fädchen-(Fibrillen-)bündel liegen. Grundeinheit der

H e r z m u s k u l a t u r stellen zylindrische, einkernige Zellen, die ebenfalls in Sarcoplasma eingebettete, quergestreifte Fibrillenbündel enthalten. Die glatte Muskulatur wird vom vegetativen (autonomen) Nervensystem, also unwillentlich gesteuert, wobei meist ein im betreffenden Organ selbst befindlicher Teil davon den Bewegungsrhythmus (Peristaltik) bestimmt. Die glatte Muskulatur rea-

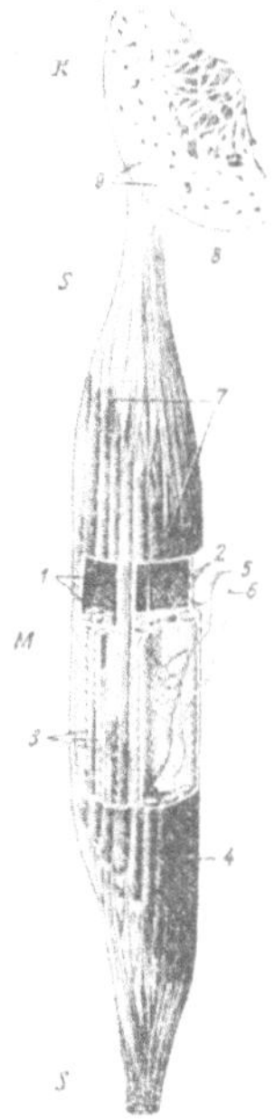

Abb. 19. Spindelmuskel, schematischer Bau. M= Muskelbauch, S=Sehne, K=Röhrenknochen (quergeschnitten), 1=Primärbündel, 2=Perimysium internum mit gekreuztem Fasergitter, 3=Neutralfaser der inneren Verschiebeschichten, 4=Epimysium mit Fasergitter, 5=Gefäß, 6=Nerv, am Muskel-Hilus ins Pirimysium internum eintretend, 7=gestaffelter Ansatz der Muskelfaserbündel am Sehnenblatt, 8= Periost, mit dem sich einzelne Sehnenfasern verflechten, 9=Sharpeysche Fasern, in der Knochenkompakta verankert. Nach Benninghoff 1942, verändert.

giert und arbeitet langsam, die quergestreifte dagegen schnell bis sehr schnell in Sekundenbruchteilen. Letztere wird vom animalischen oder Zentralnervensystem (Gehirn und Rückenmark) geleitet, unterliegt dem Willen, arbeitet aber auch reflektorisch. Die Herzmuskulatur unterliegt ebenso wie die glatte dem vegetativen Nervensystem und besitzt im Sinuatrioventricularsystem ein eigenes System der Reizbildung und -leitung. Obwohl sie quergestreift ist, arbeitet sie unwillkürlich und peristaltisch.

Zur quergestreiften oder somatischen rechnet man die Muskulatur des Skelettes (Rumpf, Schwanz, Gliedmaßen) und der mit der Unterhaut verhafteten

Hautmuskelschicht (die bei Kloakentieren, Igeln u. a. Insektenfressern, Gürteltieren, Schuppentieren, Robben und Walen den ganzen Rumpf strumpfartig als Hautmuskelschlauch, Panniculus carnosus, umhüllt), die der Wandungen der großen Körperhöhlen (Zwischenrippenmuskulatur, Bauchdecke, Zwerchfell) und die Augapfelbewegungsmuskeln, zur glatten oder visceralen die splanchniale oder Eingeweidemuskulatur des Darm- und Atemrohres (Verdauungskanal, Gallenblase, Luftröhre, Bronchien, Lunge), der Nieren, Harnblase, Harn- und Geschlechtsausführwege nebst Gebärmutter, ferner die Gefäßwand-, Hautdrüsen-, Haarwurzel-, Regenbogenhaut- und Ciliarmuskeln. Die quergestreifte (somatische) Muskulatur steht also vorwiegend im Dienste der Körperhaltung und -bewegung, die glatte (viscerale) in dem des Körperhaushaltes.

Ein mittelgroßes Säugetier besitzt rd. 200 – 250 paarige und einige unpaare Skelettmuskeln. Die stammes- und entwicklungsgeschichtlich zusammengehörigen (homologen) Muskeln wechseln jedoch von Säugetierordnung zu Säugetierordnung sowohl in Form und Gruppierung zueinander als auch in Funktion als Beuger und Strecker. Da jedes bei der Keimentwicklung Muskeln erzeugende Ursegment auch den zugehörigen Nerven mitliefert (bilden doch Muskel und Nerv stets eine funktionelle Einheit), der allen Verlagerungen folgt, läßt sich die Herkunft der einzelnen Muskeln noch einigermaßen sicher feststellen. Das ist besonders für die sog. Bran-

→

Abb. 20. Oberflächenmuskulatur einer Ricke. a=Musculus trapezius cervicalis, a'=M. tr. thoracicus, b=M. omotransversarius, c=M. cleidooccipitalis, c'=M. cleidomastoideus, c''=M. cleidobrachialis, c'''= Schlüsselbeinsehne, d=M. sternomandibularis, d'=seine Endaponeurose, e=M. deltoideus, e'=seine Ursprungsaponeurose, f=Caput longum, f=C. lat. des M. triceps brachii, g, g'=M. pectoralis supf., h=M. p. prof., i=M. serratus ventr., k=M. latissimus dorsi, l=M. obliquus ab-

dominis ext., l'=seine Endaponeurose, m=M. serratus dors. exspiratorius, m'=Fascia lumbodorsalis, n=M. obliquus abdominis int., o=M. tensor fasciae latae, o'=Fascia lata, p=M. glutaeus medius, q, q'= M. biceps femoris, r=M. semitendineus, s=M. semimembranaceus, t= M. sternomastoideus, u=M. omohyoideus, v=M. sternohyoideus, w= M. scalenus, x=Verbindungsstrang vom M. brachiocephalus zum pectoralis major, y=Sehne des M. tensor fasciae antibrachii, z=M. tensor fasciae antibrachii, z'=M. subcutaneus cervicalis. 2=Spina scapulae, 3=Acromion, 4'=Epicondylus externus, 6=Rotator humeri, 16=Tuber coxae, 17=T. ischidicum, 19=Trochanter major, 20=Patella, 28=Musculus brachialis internus, 29=Musculus extensor carpi radialis, 29=Sehne des M. brachiocephalis, 30=M. extensor digiti tertii proprius, 31=M. extensor digitorum communis, 32=M. anonymus (nur beim Reh vorhanden), 33=M. extensor digiti quarti proprius, 35=M. abductor pollicis longus, 36=M. flexor carpi radialis, 37=M. flexor carpi ulnaris, 38=M. tibialis anterior, 39=M. extensor digitorum pedeslongus, 40, 40'=M. peronaeus longus, 41, 42=Sehne, 43=M. extensor digiti quarti pedes proprius, 44=M. flexor digitorum profundus, 45=M. soleus, 46=M. m. gastrocnemii, 46'=Achillessehne, 47=oberflächliche Beugesehne, 48=Musculus popliteus, 49=M. flexor digitorum pedes longus, 50=M. tibialis posterior, 52, 52'=oberflächliche und tiefe Beugesehne des Mittelfußes, 53, 53'=M. interosseus, 13. R.=13. Rippe, *=Atlasflügel. Nach Ellenberger-Baum-Dittrich, 1949.

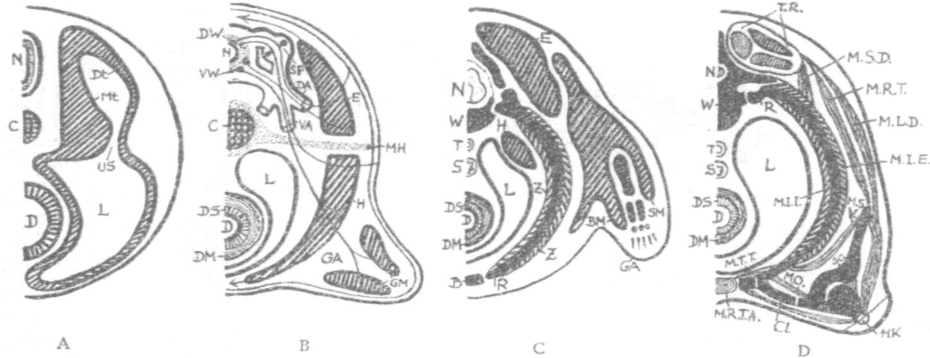

Abb. 21. Muskulaturausgliederung bei der Entwicklung des Säugetierkörpers, dargestellt an vereinfachten schematischen Rumpfquerschnitten. A=Keimblattsonderung, B=Sonderung in epaxiale und hypaxiale Muskulatur mit Andeutung der Hauptmuskelpartien, C=Bildung der Gliedmaßenmuskulatur, D=Anordnung der Hauptmuskelgruppen. B=Brustbein, BM=Beugemuskeln, C=Chorda, Cl=Clavicula, D=Darm, DA=Dorsalast des Spinalnerven, DM=Darmmuskulatur, DS=Darmschleimhaut, Dt=Dermatom, DW=Dorsalwurzel des Spinalnerven, E=Epaxiale Muskulatur, G=Gliedmaßenanlage, GM=Gliedmaßenmuskulatur, H=Hypaxiale Muskulatur, HK=Humeruskopf, L=Leibeshöhle, MH=Myoseptum horizontale, Mt=Myotom, M. I. E.=Musculi intercostali externi, M. I. I.=M. i. interni, M. L. D.=M. latissimus dorsi, M. O.=M. omohyoideus (subclavius), M. R. T.=M. rhomboideus thoracis, M. R. T. A.=M. rectus thoraco-abdominalis, M. S. D.=M. serratus dorsalis, M. S. V.=M. s. ventralis, M. T. T.=M. transversus thoracis, N=Neuralrohr bzw. Rückenmark, R=Rippe, S=Speiseröhre, T=Trachea, T. R.=Tiefe Rückenmuskulatur (M. longissimus dorsi, spinalis, multifidus u. a.), US=Ursegmentstiel, VW=Ventralwurzel des Spinalnerven, W=Wirbel, Z=Zwischenrippenmuskeln. Nach Weber 1927, Montagna 1959 und Portmann 1959, verändert.

chialmuskulatur wichtig, die im Bereich des Kopfdarmes niederer Wirbeltiere entstand. Mit der stammesgeschichtlichen Umstellung von der Kiemen- zur Lungenatmung, dem Schwund der Kiemenspalten, dem Umbau des Kieferngelenkes und Innenohrs, dem vor allem bei den Säugetieren kräftigen Ausbau der Gesichts-, Kau-, Zungen-, Zungenbein- und Kehlkopfmuskulatur veränderte sie sich stark unter Vermischung somatischer und visceraler Anteile, wobei sich außerdem noch ein Teil der ihrer Herkunft nach visceralen glatten Muskulatur frühzeitig in quergestreifte verwandelte.

Nervensystem

Unter den Grundgewebsformen des Säugetierkörpers, dem bedeckenden und schützenden, z. T. auch ausfüllenden und ausscheidenden des Epithels, dem tragenden und stützenden (vor allem skelettbildenden) des Bindegewebes und dem zusammenziehbaren der Muskulatur, ist das erregungsleitende der Nerven dasjenige, das ähnlich dem ernährenden und versorgenden Blutgefäßsystem alle Teile des Körpers durchdringt und verbindet. Darüber hinaus verknüpft das Nervengewebe den Körper mit der Um- und Mitwelt, indem es die Reize (Erregungen, Impulse) der Um- und Innenwelt aufnimmt, sichtet, bearbeitet und ihre Beantwortung veranlaßt. Es ist also sowohl Reizempfänger als auch Reizleiter und Reizbeantworter. Reizempfänger sind die Sinneszellen und sensiblen Nervenendigungen (Receptoren, Affectoren), Reizleiter die Nervenzellen (Ganglien, Neurone) im engeren Sinne und Reizbeantworter (Effectoren) die Muskeln, Drüsen und Farbstoffträger oder -zellen (Chromatophoren).

Anatomisch wird beim Nervengewebe ein cerebrospinales oder Zentralnervensystem mit Gehirn und Rückenmark und ein körperwärtiges oder peripheres oder Randnervensystem, funktionell ein willkürliches (somatisches, animalisches, oikotropes), das bewußte Empfindungen mitteilt und willkürliche Bewegungen veranlaßt, und ein unwillkürliches (sympathisches, vegetatives, idiotropes), das die unwillkürliche Tätigkeit der Eingeweide (Viscera) steuert, unterschieden.

Dabei ist es nicht so, daß das periphere Nervensystem dem unwillkürlichen gleichzusetzen ist. Arbeitet doch das periphere Nervensystem sowohl mit Bahnen des unwillkürlichen als auch des willkürlichen Nervensystems. Dabei unterscheiden sich anatomisch beide Bahnsorten dadurch, das bei den Bahnen des willkürlichen Nervensystems die Erregung nur in einem Neuron vom Zentralnervensystem zum Erfolgsorgan (motorisch) oder vom Empfindungsort zum Zentralnervensystem hin (sensibel) geleitet wird, bei denen des unwillkürlichen jedoch mindestens in zwei hintereinander geschalteten Neuronen. Von letzteren hat das eine seinen Zellkörper im Zentralnervensystem, das zweite in einem peripher davon gelegenen Ganglion. Dabei ist die vom Zentralnervensystem bis zum peripheren Ganglion sich erstreckende (präganglionäre) Faser markscheidenumhüllt, die vom peripheren Ganglion bis zum Erfolgsorgan sich anschließende (postganglionäre) markscheidenarm oder -los.

Der willkürliche Anteil des peripheren Nervensystems wird von den Rückenmarks- oder Spinalnerven gestellt. Jeder (weitgehend mit einem Wirbelsäulenwirbel übereinstimmende) Rücken-

→

Abb. 22. Schema der Spinalnerven. Oben links: Gehirn- und Spinalnervenanordnung bei einem rd. 10 mm langen menschlichen Keimling. III—XII=Gehirnnerven, C_1=1. Cervikalnerv, Th_1=1. Thoracalnerv, L_1=1. Lumbalnerv, S_1=1. Sacralnerv, Co_1=1. Coccygialnerv, PC=Plexus cervicalis, PB=Plexus brachialis, PL=Plexus lumbalis, PI=Plexus ischiaticus, NI=Nervus ischiaticus, NP=Nervus phrenicus. Oben rechts: Verzweigung eines Spinalnerven im Extremitätenbereich. 1=Radix

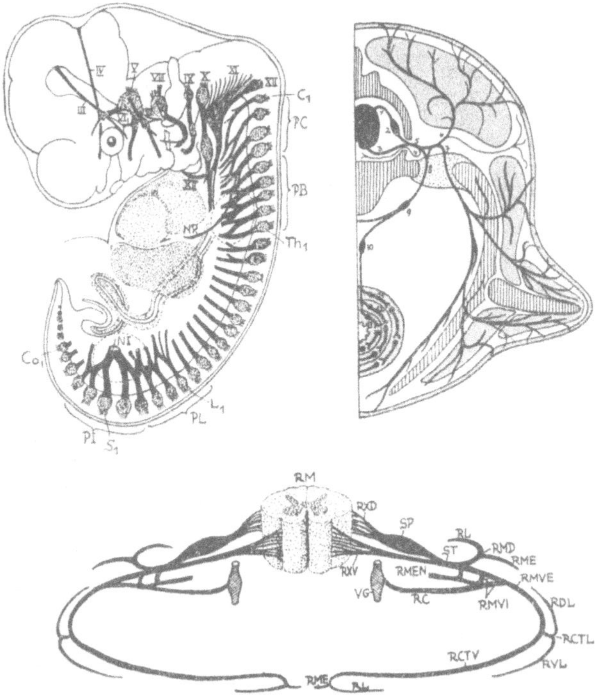

dorsalis, 2=Spinalganglion, 3=Radix ventralis, 4=Ramus meningicus (=duralis), 5=Stamm des Spinalnerven (Truncus), 6=Ramus dorsalis, 7=Ramus ventralis, 8=Ramus comumnicans (visceralis), 9=Vertebralis (sympathisches Ganglion), 10=Sub- oder Praevertebralis (medianes Ganglion), 11=Plexus subserosus, 12=Plexus myentericus, 13=Plexus submucosus. Unten: Verzweigungsschema eines Spinalnerven: RC= Ramus communicans, RCTL=Ramus cutaneus lateralis, RCTV=Ramus cutaneus ventralis, RDL=Ramus dorsoltaeralis, RL=Ramus lateralis, RM=Rückenmark, RMD=Ramus dorsalis, RME=Ramus medialis, RMEN =Ramus meningicus (=duralis), RMVE=Ramus ventralis, RMVI= Ramus visceralis, RXD=Radix dorsalis, RXV=Radix ventralis, SP= Spinalganglion, ST=Stamm (Truncus des Spinalnerven), VG=Vertebrales (Sympathisches Ganglion). Oben links und unten nach Clara 1959, oben rechts nach Ellenberger-Baum 1943 und Ihle 1947, verändert.

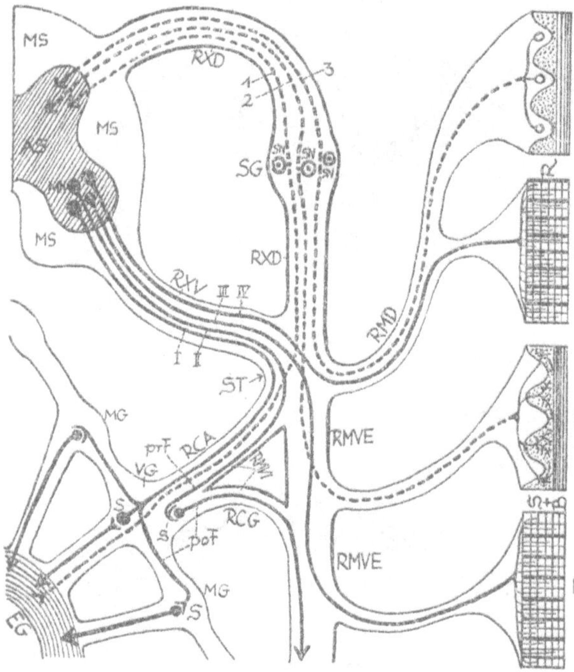

Abb. 23. Neuroqualitäten-Verteilung im Rückenmarks-(Spinal-)nerven. Gestrichelt=Afferente (sensible) Fasern, Vollstriche=Efferente (motorische) Fasern. Im Rückenmark: AS=Achsensubstanz, MS=Mantelsubstanz, MN=Motorische Neurone. Am Spinalnerven: RXD=Radix dorsalis, RXV=Radix ventralis, SG=Spinalganglion, SN=Sensible (afferente) Neurone, ST=Stamm (Truncus) des Spinalnerven, RMD=Ramus dorsalis, RMVE=Ramus ventralis, RMVI=Ramus visceralis, davon RCG =Ramus communicans griseus, RCA=Ramus communicans albus, VG =Vertebrales (sympathisches) Ganglion, S=Schaltneurone, MG=Medianes (sub-, praevertebrales) Ganglion, EG=Eingeweide, H=Haut, M= Muskulatur, R=Rücken, S+B=Seiten und Bauch. 1=viscerosensorische Bahn, 2 & 3=somatosensorische Bahnen, I & II=visceromotorische Bahnen, III=somatomotorische Bahnen, prF=praeganglionäre sympathische Fasern, poF=postanglionäre sympathische Fasern. Nach Haltenorth 1964.

marksabschnitt trägt ein solches, von einem rechts und einem links austretenden Schenkel gebildetes Spinalnervenpaar. Bei der embryonalen Segmentierung des Mesoderms wird nämlich auch das Rückenmark mit unterteilt, so daß die Zahl der Rückenmarksnervenpaare weitgehend mit der der Körpersegmente übereinstimmt (Hals-, Brust-, Lenden-, Kreuz-, Schwanznervenpaare). Solch ein Spinalnervenpaar versorgt sensibel und motorisch als selbständige Einheit die aus dem ehemaligen Myotom des Körpersegmentes mit ihm zusammen erwachsene Muskulatur nebst zugehöriger Hautfläche. Im Kopfbereich werden die Spinalnerven durch die Gehirnnerven ersetzt. Vor allem im Gliedmaßenbereich sind die Spinalnerven vorn zu einem Armgeflecht (Plexus brachialis), hinten zu einem Lenden- und zu einem Kreuzgeflecht (Plexus lumbalis und sacralis) zusammengeschlossen. Jeder Spinalnerv teilt sich kurz nach Verlassen des Rückenmarks in eine obere (dorsale) und untere (ventrale) Wurzel bzw. Ast, von denen erstere zubringende oder afferente (sensible) und letztere ausführende oder efferente (motorische) Fasern führt.

Der unwillkürliche Anteil des peripheren Nervensystems besteht aus der Gesamtheit der postganglionären Fasern und den zugehörigen Ganglien. Zu letzteren rechnen einmal die Ventralganglien, in denen die präganglionären motorischen (viscero-efferenten) Fasern der die Eingeweide versorgenden unteren Spinalnervenäste auf postganglionäre Fasern umgeschaltet werden. Die Ventralganglien liegen seitlich und etwas unterhalb der Wirbelsäule und bilden an ihr entlang von der Schädelbasis bis zum Schwanz die Kette des sog. Grenzstranges (Truncus nervisympathici). Ferner rechnen dazu die medialen Ganglien unterhalb der Wirbelsäule, zu denen auch jeweils ein Teil der präganglionären Spinalnervenfasern unumgeschaltet durch die Ventralganglien hindurch weiterzieht, um erst dort auf postganglionäre Fasern umgesetzt zu werden. Bekanntestes dieser medialen Ganglien ist das Ganglion coeliacum oder solare, das Sonnengeflecht oder der Solarplexus auf dem Anfangsteil der Bauchschlagader.

Die Ventral- und Medialganglien bilden zusammen mit ihren von dort zu den Organen ziehenden postganglionären visceromotorischen Fasern den efferenten Anteil des unwillkürlichen Nervensystems, der den Namen autonomes Nervensystem trägt. Der afferente oder sensible Anteil des unwillkürlichen Nervensystems wird von Bahnen gestellt, die von den Eingeweiden zum Rückenmark und Gehirn verlaufen, z. T. im X. Gehirnnerven (Nervus vagus), der den größten Teil des Verdauungsrohres und seiner Abkömmlinge versorgt.

Das autonome Nervensystem seinerseits gliedert sich weiter nach Lage, Bau und Wirkung in das ortho- und parasympathische System. Ersteres (auch als Orthosympathicus oder kurz Sympathicus bezeichnet) wird vom Grenzstrang gebildet, der auch thoracolumbales System heißt, weil er im Brust-, Kreuz- und Lendenwirbelbereich in der oben beschriebenen Weise mit dem Rückenmark verbunden ist. Die postganglionären Fasern des Orthosympathicus verlaufen in eigenen Fasern, meist entlang der Blutgefäße. Der Parasympathicus dagegen besteht aus zwei Systemen, dem craniosacralen und dem spinalen. Die postganglionären Fasern des ersteren ziehen im Bereich des Kopfes und der Körperwand in den Bahnen der Spinalnerven (und zwar im cranialen Teil im III., VII., IX. und X. Gehirnnerven = Nervus oculomotorius, facialis, glossopharyngeus

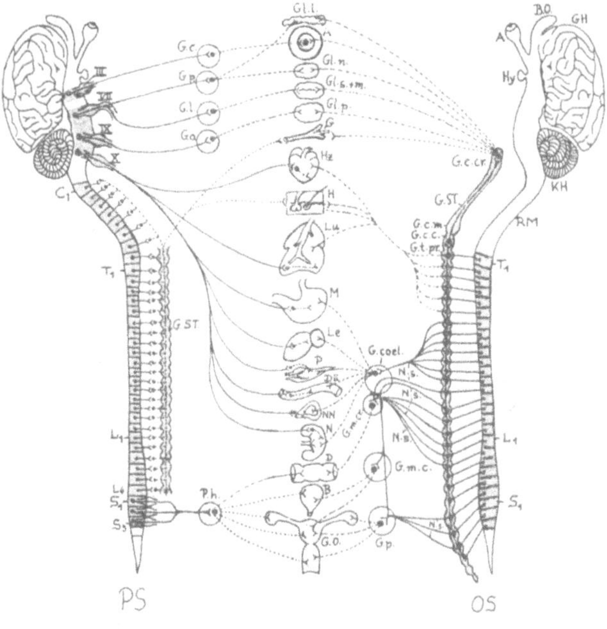

Abb. 24. Schema des autonomen Nervensystems. PS=Parasympathicus, OS=Orthosympathicus. Beim Parasympathicus beim III., VII., IX. u. X. Gehirnnerven cranialer, bei S_1—S_3 sacraler und von C_1—C_6 spinaler Anteil. Praeganglionäre Fasern als Vollstriche, postganglionäre Fasern punktiert. GH=Großhirn, KH=Kleinhirn, BO=Bulbus olfactorius, A=Auge, Hy=Hypophyse, RM=Rückenmark; C, T, L & S=cervicaler, thoracaler, lumbaler und sacraler Abschnitt des RM; III, VII, IX u. X =entsprechende Gehirnnerven, G. ST.=Grenzstrang; G. c., G. p., G. l. & G. o.=Ganglium ciliare, pterygopalatinum, linguale u. oticum; G. c. cr., G. c. m., G. c. c. & G. t. pr.=Ganglium cervicale craniale, mediale, laudale und thoracale primum; G. coel., G. m. cr., G. m. c. und G. p.=Ganglium coeliacum, mesentericum craniale, m. caudale, pelvicum; P. h.=Plexus hypogastricus; Gl. l., Gl. n., Gl. s.+m., Gl. l. p.= Glandula lacrimalis, nasalis, sublingualis, mandibularis & parotis; G= Gefäße, Hz=Herz, H=Haut mit Schweißdrüsen und Haarbalgmuskeln, Lu=Lunge, M=Magen, Le=Leber, P=Pankreas,, Dü=Dünndarm, NN= Nebenniere, N=Niere, Di=Dickdarm, B=Blase, G. O.=Geschlechtsorgane. Nach Ellenberger-Baum 1943 und Montagna 1959, verändert.

und vagus, im sacralen Teil im 2. – 4. Kreuznerven), im Bereich der Körperhöhlen in denen des Orthosympathicus. Die postganglionären Fasern des spinalen Systems verlaufen in den zwischen Kopf und Kreuz aus dem Rückenmark kommenden dorsalen Spinalnervenästen zum Grenzstrang und von dort mit dessen postganglionären Fasern zu den Organen.

Alle wichtigen Organe werden doppelt, nämlich vom Ortho- und Parasympathicus betreut, die gleichzeitig und verkoppelt gegensätzlich-miteinander arbeiten (Doppel- oder antagonistische Innervation). Orthosympathicusimpulse regen an, erhöhen den Stoffwechsel, steigern die Kräfte, Handlungsfähigkeit und Lebensfreude, Parasympathicusimpulse hemmen die Tätigkeiten, dienen dem Ergänzen und Speichern von Kraftstoffen, wirken also besonders im Schlaf und für Ruhe und Aufbau.

Im Kopfbereich werden die Rückenmarks- oder Spinalnervenpaare durch 14, von vorn nach hinten durchnumerierte Gehirnnervenpaare, die aber auch eigene Namen tragen, vertreten (Nervus cranialis primus, secundus usw.) Der auf jeder Gehirnseite austretende I. – XII. Nerv hat den Namen Riechnerv (Fila olfactoria oder Tractus olfactorius), Sehnerv (Fasciculus opticus), Gemeinschaftlicher Augennerv (Nervus oculomotorius), Oberer Augenmuskelnerv (N. trochlearis), Dreigeteilter Nerv (N. trigeminus), Seitlicher Augenmuskelnerv (N. abducens), Gesichtsnerv (N. facialis), Gehör- und Gleichgewichtsnerv (N. statoacusticus), Zungenschlundkopfnerv (N. glossopharyngeus), Lungenmagennerv (N. vagus), Beinerv (N. accessorius) und Zungenfleischnerv (N. hypoglossus). Dazu kommen noch zwei kleine Nerven ohne Nummern, der am Riechnerv mit austretende N. terminalis, der das Ruy-Jacobsonsche oder Nasenbodenorgan (Organon vomeronasale) sensibel versorgt, und der dem Gesichtsnerv angeschlossene N. intermedius (daher auch N. intermedio-facialis). Der Riechnerv (I.) entspringt dem Vorderhirn, der Sehnerv (II.) dem Zwischenhirn (beide sind Verbindungsstränge zu aus dem Gehirn hervorgegangenen Sinnesorganen und wie diese damit Gehirnteile und nicht Nerven im strengen anatomischen Sinne), der Gemeinschaftliche Augennerv (III.) und Oberer Augenmuskelnerv (IV.) dem Mittelhirn, die übrigen (V.—XII.) dem Rautenhirn. Riech-, Seh- und Gehörnerv (I., II. u. VIII.) sind rein sensibel, die übrigen gemischt sensibel-motorisch. Wie die einzelnen Namen der Gehirnnerven erkennen lassen, reichen ihre Versorgungsgebiete von den Kopfsinnesorganen, der Gesichts- und Mundhöhlenschleimhaut, der Gesichts-, Kiefer-, Zungen-, Kehlkopf- und Halsmuskulatur bis zu den Baucheingeweiden.

Ein Hauptteil des Zentralnervensystems ist das Rückenmark (Medulla spinalis), das am Ende des Verlängerten Marks am Hinterhauptsloch (Foramen magnum) des Schädels beginnt, sich im Hals-, Brust-, Lenden- und Kreuzmark (Pars cervicalis, thoracalis, lumbalis, sacralis) unterteilt und am Kreuzmarkende fadenförmig ausläuft. Dieses Ende wird von einem Bündel weiter nach hinten ziehender Nervenstränge begleitet und sieht damit wie ein Pferdeschwanz (Cauda equina) aus. Das Innere des Rückenmarks wird von der grauen Achsensubstanz (Substantia grisea), das Äußere von der weißen Mantelsubstanz (Substantia alba) eingenommen. Erstere besteht aus Nervenzellen (Neuronen) mit ihren Kleinverästelungen (Dendriten), ferner meist marklosen Nervenzellen-Langfortsätzen oder Achsenzylindern (Neuriten, Axonen) und einem Stützgerüst (Glia). Die Nervenzellen ordnen sich gemäß ihren Funktionen in mehreren Zellhaufen oder -säulen, deren Form und Stärke in den einzelnen Rückenmarkabschnitten schwankt. Am quergeschnittenen Rückenmark ergibt die graue Substanz eine schmetterlingsförmige Umrißfigur innerhalb der weißen Substanz, deren Ober- und Unterflügel als Ober- und Unterflügel oder -hörner (Cornua dorsalia et ventralia) bezeichnet werden und die am unversehrten Rückenmark in ihrer Längsausdehnung obere und untere Leisten oder Stränge (Columnae dorsales et ventrales) darstellen.

Die graue Substanz bildet den E i g e n a p p a r a t des Rückenmarks, der die von den Sinnesorganen und anderen Reizempfängern (Receptoren) über das periphere Nervensystem oder das Gehirn kommen-

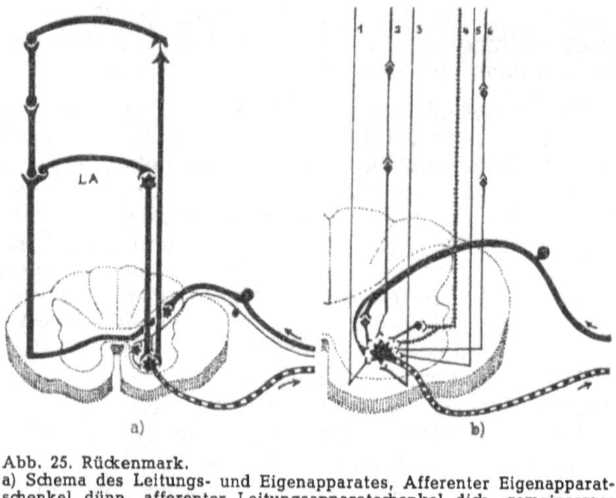

Abb. 25. Rückenmark.
a) Schema des Leitungs- und Eigenapparates, Afferenter Eigenapparatschenkel dünn, afferenter Leitungsapparatschenkel dick, gemeinsamer efferenter Schenkel der Leitungsbogen des Eigen- und Leitungsapparates schwarzweiß, LA=Leitungsapparat.

b) Das periphermotorische Neuron (schwarzweiß) dick, pyramidales Bahnsystem (Tractus corticospinalis) quergestrichelt, extrapyramidale Bahnen dünn. 1=Tractus vestibulospinalis, 2=T. rubroreticulospinalis, 3=T. olivospinalis, 4=T. corticospinalis, 5=T. tectospinalis, 6=T. reticulospinalis. Nach Clara 1959, verändert.

den Erregungen auf die zu den Wirkorganen leitenden Bahnen schaltet und damit sinngemäß verteilt. Reflexbögen werden dabei weitgehend selbständig geschaltet (Reflexapparat). Außerdem sendet der Eigenapparat auch von sich aus laufend rhythmisch Erregungswellen als Grundlage reflektorischer Bewegungsabläufe aus. Die weiße Substanz baut sich aus markscheidenumhüllten Neuriten auf, die durch Gliazellennetze zu Bündeln (Fasciculi, Tractus) zusammengefaßt werden und gemeinsam den Leitungsapparat des Rückenmarks ausmachen. Er befördert die vom Gehirn kommenden (cerebrofugalen oder absteigenden) und die zum Gehirn hinstrebenden (cerebropetalen oder aufsteigenden) Impulse. Eine Fülle von Querverbindungen (Kommissuren) ermöglicht eine vielfältige gegenseitige Einflußnahme der Rückenmarkstätigkeiten aufeinander und eine enge Verflechtung der Vorgänge im peripheren Nervensystem und Gehirn miteinander.

Das Gehirn (Encephalon) der Säugetiere ist stammesgeschichtlich gesehen das von den niederen Rückensaiten-(Chorda-) und Wirbeltieren her verstärkte und mit Sinnesorganen (Nase, Auge, Gleichgewicht, Ohr, Geschmack) ausgestattete Vorderende des oberen Nerven-(dorsalen Neural-)rohres bzw. Rückenmarks. Das Nervenrohrvorderende wurde damit nicht nur zum Verarbeiter von sondern auch zum Vermittler zwischen Sinneseindrücken. Infolgedessen vermehrten sich seine Zusammenspiel- und Abstimmarbeiten und damit seine Schaltneurone, welch letztere sich zu Knotenpunkten von Neuronenketten zwischen Sinnes- und Endorganen erweiterten. Das führte dann zum Zusammenfassen der nur übermittelnden Neuronengruppen in sensible (afferente) und motorische (efferente) Mittelpunkte mit dazwischenliegenden Antwortentscheidern. Daraus entwickelten sich schließlich als fortgeschrittenste Ausbildungs-

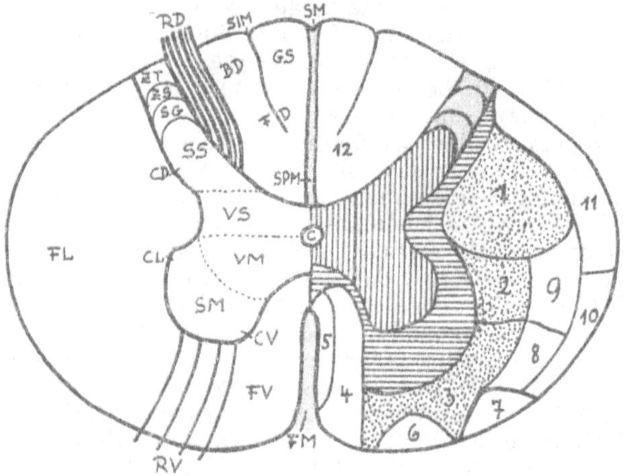
RD
SIM
SM
GS
BD
SG
FD
SS
12
SPM
VS
C
1
11
FL
VM
2
9
10
SM
CV
5
8
FV
4
3
7
6
FM
RV

A

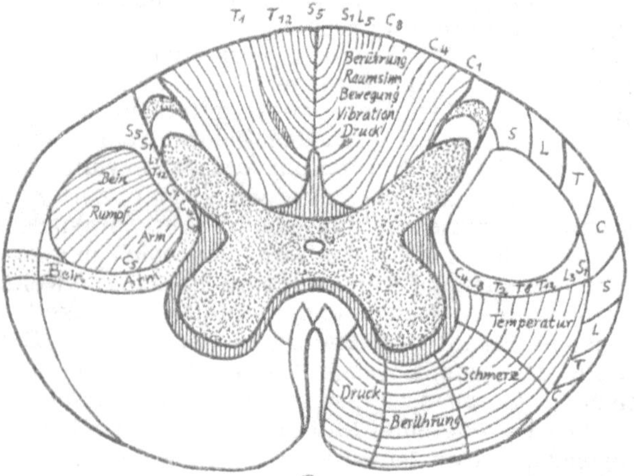
Berührung
Raumsinn
Bewegung
Vibration
Druck
S
L
T
C
Bein
Rumpf
Arm
Bein
Arm
Temperatur
Schmerz
Druck
Berührung

B

Abb. 26: Querschnitte durch das Rückenmark, schematisch. A. linke Hälfte: Einteilung und Neuroqualitäten. C=Canalis centralis, CD, CL, CV=Cornu dorsale, laterale u. ventrale der Achsensubstanz; SS, VS, VM & SM=Neuroqualitäten der Achsensubstanz, von oben nach unten somatosensorisches, viscerosensorisches, visceromotorisches und somatomotorisches Feld; FD, FL & FV=Fasciculus dorsalis, lateralis u. ventralis der Mantelsubstanz; BD & GS=Burdach'scher Strang (Pars lateralis fasciculi dorsalis oder fasciculi cuneatis) und Goll'scher Strang (Pars medialis fasciculi dorsalis oder fasciculi cuneatis); RD & RV=Radix dorsalis und ventralis des Spinalnerven; SIM, SM & FM=Sulcus intermedius dorsalis, S. medianus dorsalis, Septum medianum dorsale u. Fissura mediana ventralis; ZT, ZS & SG=Zona terminalis, Zona spongiosa und Substantia gelatinosa dorsalis. Rechte Hälfte: Fasersystemverteilung. Senkrecht schraffiert=Achsensubstanz, waagerecht schraffiert=Grundbündel, punktiert=absteigende (cerebrofugale) Bahnen der Mantelsubstanz, weiß=aufsteigende (cerebropetale) Bahnen der Mantelsubstanz. 1=Tractus corticospinalis lateralis (laterale Pyramidenbahn), 2=T. rubrospinalis, 3=T. vestibulospinalis, 4=T. corticospinalis ventralis, 5=T. tectospinalis, 6=T. spinothalamicus ventralis, 7=T. spinoolivaris, 8=T. spinotectalis, 9=T. spinothalamicus lateralis, 10=T. spinocerebellaris ventralis, 11=T. spinocerebellaris dorsalis. — B. Leitungsapparat der Mantelsubstanz, somatotopische (segmentale) und funktionelle Gliederung. C, T, L & S=Cervical-, Thoracal-, Lumbal- und Sacralsegmente. Achsensubstanz eng punktiert, Grundbündel senkrecht schraffiert. Rechte Hälfte: aufsteigende (cerebropetale) Bahnen, (Dorsalstrang oder Fasciculus gracilis und cuneatus, Kleinhirnseitenstrang oder Tractus spinocerebellaris u. Ventralseitenstrang oder Tractus spinothalamicus). Linke Hälfte: Absteigende (cerebrofugale) Bahnen (Pyramidenseitenstrang), T. corticospinalis lateralis u. Vasomotorenbahn weit punktiert. A. nach Ihle 1957, Young 1957 u. Clara 1959, verändert; B. nach Clara 1959, verändert.

←

stufe Verknüpfungszentren im Mittelhirndach der niederen und im zum Großhirn ausgebauten Vorderhirndach der höheren Wirbeltiere mit der Fähigkeit zu höchsten Nervenleistungen (Gedächtnis, Lernvermögen und Bewußtsein). Darüber hinaus erzeugt das Gehirn auch selbst Erregungen (endogene Automatismen) ähnlich dem Rückenmark, die sich ebenfalls in Vorgängen und Tätigkeiten äußern.

Beim Säugetierkeimling erweitert sich das Nervenrohrende über erste Auftreibungen (primäres Vor- oder Vorder- und Nach- oder Hinterhirn) zu einer Reihe weiterer Unterabschnitte. Und zwar entwikkelt sich das Vorderhirn zum End- und Zwischenhirn, von diesem wiederum das Endhirn zum Endhirnstamm, Riechhirn und Hirnmantel, das

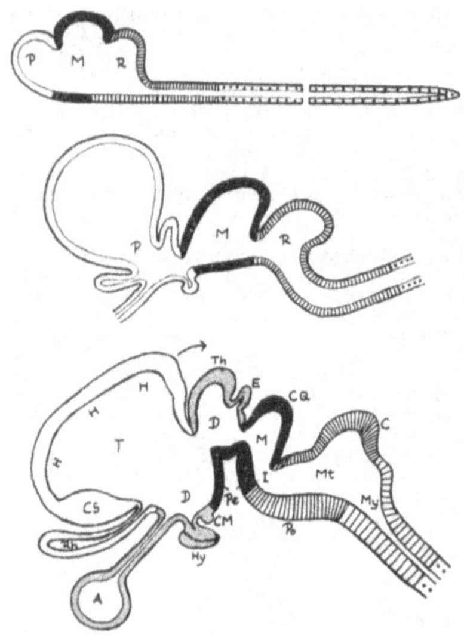

Abb. 27. Gehirnabschnitte-Entwicklung, schematisch. Oben: Dreiteilung des Neuralrohrendes in Pro-, (P), Mes- (M) und Rhombencephalon (R). Mitte: Weitere Ausbildung dieser Unterabteilungen. Unten: Fertige Gliederung in Tel- (T), Di- (D), Mes- (M), Met- (Mt) und Myencephalon (My). Im Telencephalon ist H=Hemisphaerium, CS=Corpora striata, Rh=Rhinencephalon; im Diencephalon ist A=Auge, Hy=Hypophyse, CM=Corpora mammalia, Th=Thalamus, E=Epiphyse; im Mesencephalon ist Pe=Pedunculi, CQ=Corpora quadrigemina; I=Isthmus; im Metencephalon ist Po=Pons, C=Ceribellum. Vorderhirn weiß, Zwischenhirn grau, Mittelhirn schwarz, Nachhirn engschraffiert, verlängertes Mark weitschraffiert, Rückenmark punktiert. Der Pfeil zeigt die Neigung des Hemisphaeriums an, die anderen Hirnteile zu überwölben. Nach Ellenberger-Baum 1943, verändert.

Zwischenhirn zum Unter-, Mittel-, Seh- und Oberhügel. Das primäre Hinterhirn gliedert sich noch weiter in das sekundäre Hinterhirn mit Brücke und Kleinhirn und sekundäre Nachhirn oder Verlängerte Mark. Aus dem oberen Knickrücken des sich vorübergehend nach unten abbiegenden primären Vorderhirns entsteht das primäre Mittelhirn, das sich weiter unterteilt in Großhirnschenkel, Haube und Vierhügelplatte. Vorder- und Mittelhirn werden gemeinsam als Großhirn bezeichnet und so dem Kleinhirn (mit Brücke) und Verlängerten Mark gegenübergestellt. Die Zusammengehörigkeit der Gehirnteile ergibt sich aus folgender Übersicht:

- Gehirn (Encephalon)
  - Großhirn (Cerebrum)
    - primäres Vorderhirn (Prosencephalon
      - Endhirn oder sek. Vorderhirn (Telencephalon) od. Hemisphärium
        - Hirnmantel (Pallium)
        - Riechhirn (Rhinencephalon)
        - Endhirnstamm (Truncus telencephali)
      - Zwischenhirn (Diencephalon s. Talamencephalon)
        - Oberhügel (Epithalamus)
        - Sehhügel (Thalamus opticus) mit Zirbel (Epiphysis s. Corpus pineale)
        - Mittelhügel (Metathalamus)
        - Unterhügel (Hypothalamus) mit Hirnanhang (Hypophysis cerebri)
    - Mittelhirn (Mesencephalon)
      - Großhirnschenkel (Crura s. Pedunculi cerebri)
      - Haube (Tegmentum)
      - Vierhügelplatte (Lamina quadrigemina)
  - primäres Hinterhirn Rautenhirn (Rhombencephalon)
    - sek. Hinterhirn (Metencephalon)
      - Kleinhirn (Cerebellum)
      - Brücke (Pons)
    - Nachhirn (Myencephalon)
      - Verlängertes Mark (Medulla oblongata)

Der Hohlraum des Nervenrohrvorderendes wurde durch die Entfaltung der Gehirnteile eingeschnürt und in vier, von vorn nach hinten gezählte Gehirnkammern (Ventriculus I – IV) unterteilt, die durch ein Lochpaar (Aperturae laterales) im Dach der Rautenhirnkammer (IV. Ventrikel) mit dem das Gehirn umgebenden Unterspinngewebs- oder Subarachnoidalraum in Verbindung stehen. Verlängertes Mark, Kleinhirn, Brücke, Mittel-, Zwischenhirn, Vorderhirnbasis und Riechlappen sind als altes Stammhirn (Palaeencephalon) allen Wirbeltieren von den Fischen bis zu den Säugern eigen. Darüber wölbt sich als Neuerwerbung das Neuhirn (Neencephalon) mit dem in der aufsteigenden Wirbeltierreihe stetig größer werdenden Gehirnmantel (Pallium). Sein ältester Teil, der Urhirnmantel (Archipallium) erscheint als Riechrinde oberhalb des Riechlappens bereits bei den Lurchen, während seine jüngeren als Alt- und Neuhirnmantel (Palaeo- et Neopallium) sich bis zur großen Mächtigkeit bei den höheren Säugern und beim Menschen steigern. Der Hirnstamm (Verlängertes Mark, Brücke, Mittel-, Zwischenhirn und Endhirnstamm) enthält sowohl die Zentren der automatisch ablaufenden, lebenswichtigsten, vegetativen Tätigkeiten (Atmung, Kreislauf, Wasserhaushalt) als auch die Ursprungszellen (Kerne) der Gehirnnerven und ist damit sowohl Umschalter aller zentripetalen und -fugalen Gehirnnervenerregungen als auch Durchgangsstelle aller zwischen Großhirn einerseits und Rückenmark nebst Peripherie andererseits hin- und hergehenden Impulse. Das Anschlußstück des Gehirns an das Rückenmark bildet das aus einem mehr sensiblen, oberen, althirnlichen (palaeocephalen) Anteil oder Dach (Tegmentum) und einem unteren, mehr motorischen, neuhirnlichen (neencephalen) Fuß (Pes) zusammengesetzte Rautenhirn, das mehrere Aufgaben erfüllt. Einmal ist es mit seinen Endkernen der afferenten (sensiblen) und Ursprungskernen der efferenten (motorischen) Fasern der Gehirnnerven XII – V und den daraus aufgebauten Leitungsbögen der Medullarreflexe für Nahrungsaufnahme, Kauen, Saugen, Schlucken, Erbrechen, Niesen, Husten, Ohrmuschelstellen (u. a. als Hörhilfe), Lidschließen und Kopfrucken (als Augenschutz), Speicheln, Weinen, Atmen, Herzschlag, Blutdruck u. a. Eingeweidetätigkeiten ein Eigenapparat. Zum anderen stellt es mit dem Aufnehmen und Weitergeben von Erregungen vom Riech- und Sehorgan, Kleinhirn und Rückenmark an Gehirn- und Spinalnerven einen Leitungsapparat und mit dem Abstimmen aller dieser Tätigkeiten aufeinander einen Koordinierungsapparat dar.

Auf dem Vorderende des verlängerten Marks sitzt als wichtiges Bewegungszentrum das K l e i n h i r n . Es besteht aus zwei stammesgeschichtlich verschieden alten Teilen. Das Altkleinhirn (Palaeocerebellum) bildet mit Wurm (Vermis) und Flocke (Floccula) den Mittelteil, das Neukleinhirn (Neocerebellum) mit je einer Halbkugel rechts und links (Hemisphaeria) die Seiten. Gleich dem Großhirn und im Gegensatz zum Rückenmark liegt beim Kleinhirn die graue Nervenzellensubstanz als Rinde (Cortex) außen, die weiße Neuritensubstanz als geschlossener Körper (Corpus medullare) innen. Im Altkleinhirn befinden sich die Zentren für die Allgemeinbewegungen Gehen, Springen, Laufen, Schwimmen, Fliegen, Hinlegen, Aufstehen u. ä., im Neukleinhirn die für das Bewegen der einzelnen Gliedmaßen und für Sonderbewegungen. Durch Abstimmen des Zusammenspiels der Körperteile gewährleistet das Kleinhirn die Körperhaltung und sichert damit das Gleichgewicht. Doch ist es nicht alleiniger sondern nur nebengeschalteter Regler der Gesamtmotorik. Die Größe der zu bewegenden Muskelmasse bestimmt die Kleinighirngröße insofern mit, als Großsäuger ein auch relativ größeres Kleinhirn haben als Kleinsäuger (größtes beim Elefanten).

Das M i t t e l h i r n ist als Hinterende des Großhirns dessen Verbindungsteil zum Rauten- bzw. Hinterhirn (Verlängertes Mark mit Kleinhirn). Ähn-

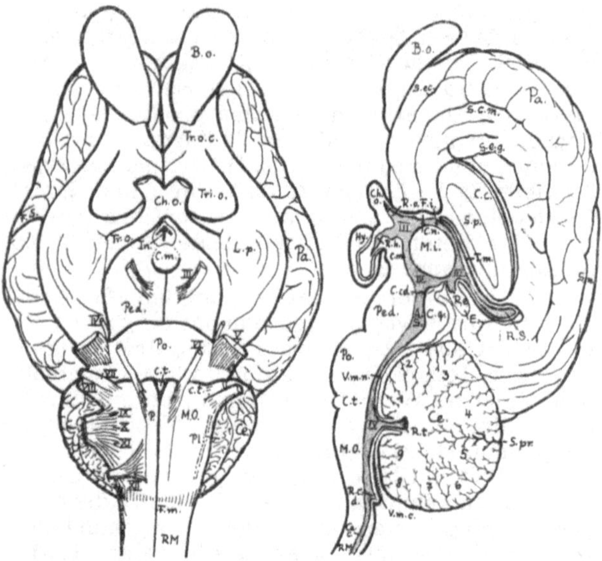

Abb. 28. Pferdegehirn, links in Unteransicht, rechts im Längsschnitt (Ventrikel grau getönt). A. S.=Aquaeductus Sylvii, B. O.=Bulbus olfactorius, Ca. c.=Canalis centralis, C. c.=Corpus callosum, C. cd.= Commissura caudalis, Ce.=Cerebellum, Ch. o.=Chiasma opticum, C. m. =Corpus mamillare, C. n.=Commissura nasalis, C. q.=Corpora quadrigemina, C. t.=Corpus trapezoides, E.=Epiphyse, F. i.=Foramen interventriculare, F. n.=Fissura mediana centralis und hinteres Ende der Pyramidenkreuzung, F. S.=Fissura Sylvii, Hy.=Hypophyse, In.=Infundibulum und Tuber cinerium, L. p.=Lobus piriformis, M. i.=Massa intermedia, M. o.=Medulla oblongata, P.=Pyramis, Pa.=Pallium, Ped. =Pedunculus s. Crus cerebri, Pl.=Plexus chorioideus rhombencephali, Po.=Pons, R. c. d.=Recessus caudo-dorsalis, R. e.=Recessus epiphyseos, R. h.=Recessus hypophyseos, RM=Rückenmark, R. o.=Recessus opticus, R. s.=Recessus suprapinealis, R. t.=Recessus tecti, S. c. m.= Sulcus calloso marginalis, S. ec.=Sulcus ectogenualis, s. rostralis, S. eg.=Sulcus entogenualis, S. m.=Sulcus medilateralis, S. p.=Septum pellucidum, S. pr.=Sulcus primarius, T. m.=Tela medull.+chorioidea (=Tela chorioidea prosencephalis), T. r. o.=Tractus opticus, Tr. o. c.= Tractus olfactorius communis, Tri. o.=Trigonum olfactorium, V. m. c. =Velum medullare caudale mit Plexus chorioideus (=Tela chorioidea rhombencephali), V. m. n.=Velum medullare nasale, III.=III. Ventrikel, IV.=IV. Ventrikel, III—XII=Wurzelfasern der Gehirnnerven, 1—9= Cerebellumteile: 1=Lingula, 2=Lobolus centralis, 3=L. ascendens, 4= Culmen, 5=Declive, 6=Tuber vermis, 7=Pyramis, 8=Uvula, 9=Nodulus. Nach Ellenberger-Baum, 1943, verändert.

lich dem Rautenhirn läßt sich auch bei ihm ein mehr sensibler oberer althirnlicher, hier zweischichtiger Anteil aus Haube (Tegmentum) und Dach (Tectum) und ein mehr motorischer unterer neuhirnlicher Fuß (Pes) unterscheiden. Zum Dach gehört die Vierhügelplatte (Lamina quadrigemina) als Sehfasern-Endstelle und höheres Vegetativzentrum. In der Haube liegen End- und Ursprungskerne des V. – III. Gehirnnerven sowie Koordinationszentren, während der Fuß nur aus durchziehenden Leitungsfasern besteht. Das Mittelhirn stellt also einmal ein Gehirnnervenursprungs- und -endgebiet, zum anderen ein höheres Zentrum des autonomen Nervensystems, ferner ein wichtiges Koordinationszentrum und schließlich einen Leitungsapparat dar. Es waltet als ein bedeutungsvoller Sammel- und Verarbeitungsplatz für alle Seh- und Gleichgewichtserregungen und primitiven Berührungs-, Schmerz- und Temperaturempfindungen, d. h. also als Befehlsstelle für Abwehr-, Flucht- und Bewegungen zum Erhalten des Gleichgewichts.

Das Zwischenhirn trägt seinen Namen sowohl auf Grund seiner Lage zwischen Mittel- und Vorderhirn als auch als Vermittler zwischen den niederen Hirngebieten des Mittel- und Rautenhirns einerseits und den hohen des Vorderhirns andererseits. Man unterscheidet in ihm fünf übereinander liegende Hauptbereiche und zwar von oben nach unten Epithalamus, Thalamus, Meta-, Sub- und Hypothalamus. Der Epithalamus ist vor allem Zusammenschalter der Riech- mit den Seh- und Tastimpulsen und stülpt sich nach oben in die zirbelförmige Epiphyse aus, eine Drüse, deren Inkret die Bildung der Geschlechtshormone in der Hypophyse bis zur Geschlechtsreife hemmt und das Körperlängenwachstum beeinflußt. Thalamus und Metathalamus sind u. a. für Riecheindrücke, für das primitive Gefühlsleben (Affekte, Instinkte), die Mimik, das Raumerkennen, für Seh- und Höreindrücke zuständig. Sie betätigen sich als Sammler und Umschalter aller Außen- und Innenweltreize für das Großhirn und damit das Tor zum Bewußtsein, aber auch als Mischer und Gefühlseinfärber der Außenreize (Berührung, Schmerz, Temperatur) mit Eigenreizen (Eingeweide, Gleichgewicht, Geschmack, Geruch) und daher als Mitformer aller Allgemeinempfindungen (Unlust, Schmerz, Wollust, Organgefühle) sowie als Umschalter und Abstimmer aller Psychoreflexe (Abwehr-, Flucht-, Schmerzreflexbewegungen) und schließlich als Impulsprüfer, -mischer und -entscheider aller von dort kommenden Bahnen. Der Subthalamus ist Organisator der automatischen Motorik und damit auch Zentrum der Trieb-, primitiven Reaktiv- und unmittelbaren Ausdrucksbewegungen sowie übergeordnetes Zentrum der glatten Muskulatur (vor allem in Auge, Blase, Schweißdrüsen und Gefäßsystem). Der Hypothalamus steuert fast alle vegetativen lebenserhaltenden Tätigkeiten des Körpers (Wasser-, Wärmehaushalt, Schweiß-, Harn-, Kot-, Geschlechtsausscheidungen, Blutdruck, Blutzucker, Blutbildung, Eiweiß-, Kohlehydrat-, Fettstoffwechsel, Schlafen und Wachen), stimmt damit die Körperenergiequellen mit den Eingeweidefunktionen ab und verbindet als Mitbestimmer aller Gefühle und Triebe das körperliche mit dem seelischen Geschehen. Die aus ihm nach unten ausgestülpte Hirnanhangdrüse (Hypophyse) steuert alle endokrinen Körperdrüsen und schaltet nervöse Impulse auf hormonale oder diese auf nervöse um.

Aus dem ursprünglichen, nur Riechreize empfangenden Vorderende des Nervenrohrs primitiver Chordatiere wölbte sich im Verlauf der stammesgeschichtlichen Entwicklung beiderseits die Wand halbkugelig zum E n d h i r n vor. In das Vorderende jeder Halbkugel (Hemisphäre) traten dann Nervenfasern aus dem weiter ausgebildeten Geruchsorgan ein und machten es zum Riechkolben (Bulbus olfactorius). Vom Thalamus ins Endhirn einstrahlende Bahnen ermöglichten ein Abstimmen der Riechreize mit anderen peripheren Reizen und schufen so ein erstes Vorderhirnzentrum. Diesem folgten in der aufsteigenden Wirbeltierreihe weitere Verbindungsstellen mit allen sich nach hinten anschließenden Hirnteilen und dem Rückenmark. Diese Stellen entwickelten sich zu übergeordneten Abstimm-, Zusammenschluß- und Befehlszentren, zum Großhirn.

Gleich dem Kleinhirn besteht auch das Endhirn aus einem Mittelteil und zwei Hemisphären, hat seine Nervenzellenschichten als Rinde außen und die Markfasern innen gelagert und läßt einen Alt- und einen Neuteil erkennen. Letztere beide liegen allerdings (ähnlich wie beim Rauten-, Mittel- und Zwischenhirn) übereinander. Der primitivere Unter- oder Altteil (Althirn, Palaeencephalon) setzt sich aus einem basalen Stammteil (Striatum) mit einer Reihe nicht zur Rinde gehöriger (subcorticaler) Koordinationskerne (Basalganglien) und einem Rinden- oder Mantelteil, dem Altmantel (Palaeopallium) mit dem Riechhirn (Rhinencephalon) zusammen. Die Basalganglien sind den übrigen, vom Rauten- bis zum Zwischenhirn sitzenden Koordinationssystemen für Nachrichten von Haut, Muskeln, Gelenken, Seh-, Hör- und Gleichgewichtsorgan übergeordnet und sorgen für das Abstimmen der automatisch vollzogenen (unwillkürlichen), mit den von der Großhirnrinde befohlenen willkürlichen Bewegungen und damit die Körperhaltung insgesamt.

Der fortschrittliche Ober- oder Neuteil (Neuhirn, Neencephalon) des Endhirns ist bei den Säugetieren durch den in der aufsteigenden Stammesreihe immer größer werdenden Hemisphärenrinden- oder -mantelteil gekennzeichnet, der zum Altmantel (Palaeopallium) des Unterteils noch den Ur- und Neumantel (Archi- und Neopallium) hinzubringt. Aus dem Palaeopallium der Fische bildet sich bei den Lurchen ein Teil als erstes höheres Riechzentrum des Archipalliums. Dieses vergrößert sich bei den Kriechtieren und nimmt auch Zwischenhirnbahnen für Tast- und Sehreize dazu, woraus ein erstes Endhirn Koordinationszentrum und damit der Anfang zu einem Neopallium gelegt wird. Letzteres überflügelt bei den höheren Säugetieren Palaeo- und Archipallium so stark, daß es aus Raumnot seine Oberfläche in Spalten (Fissurae) und Furchen (Sulci) einsenken muß, wodurch sich ein Reliefbild von Windungen (Gyri) erhebt.

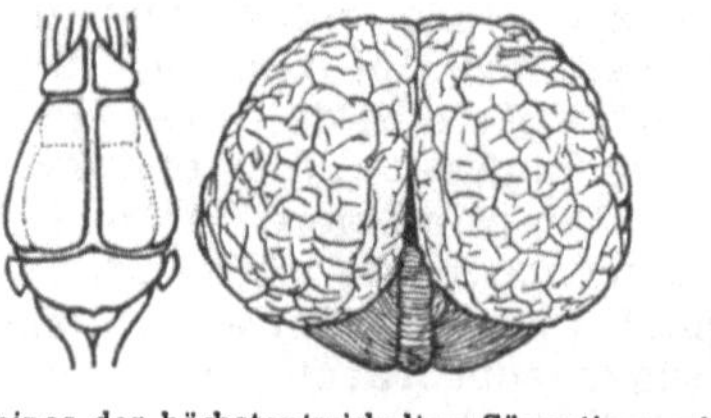

Abb. 29. Gehirnausbildungsunterschiede bei Säugetieren. Links: Opossummaus *(Orolestes inca)* als Vertreter der primitiven Beutler mit nur schwacher Andeutung (punktiert) selbst der Primärfurchen und fast noch ohne Großhirnwölbung. Rechts: Schweinswal *(Phocaena phocaena)* als Vertreter eines der höchstentwickelten Säugetiere mit sehr starker Wölbung und Furchung des Großhirns. Beide Gehirne auf gleiche Größe gebracht. Nach Brown-Obenchain 1925 und Pilleri, verändert.

Die R i n d e des Alt- und Urhirns (Palaeo- und Neocortex, beide zusammen auch Allocortex genannt) besteht nur aus zwei Schichten, einer impulsaufnehmender und einer weiterverbindender Zellen. Die Rinde des Neuhirns (Neocortex) dagegen, die sich erst bei den Säugetieren entfaltet, bildet dort bis zu sieben Hauptschichten aus. Ihre Größe und ihr Ausbildungsgrad kennzeichnet die Ranghöhe ihres Trägers in der Entwicklungsreihe. Beim Menschen z. B. enthält die Großhirnrinde beider Hemisphären schätzungsweise rd. 16,5 Milliarden Nervenzellen.

→

Abb. 30. Senkrechtschnitt durch die menschliche Großhirnrinde, schematisch. A=Golgibild bei Chromsilberimprägnation, B=Nisslbild bei Zellenfärbung, C=Faserbild bei Markscheidenfärbung, I=Molekularschicht (Lamina zonalis s. plexiformis), II=Äußere Körnerschicht (L.

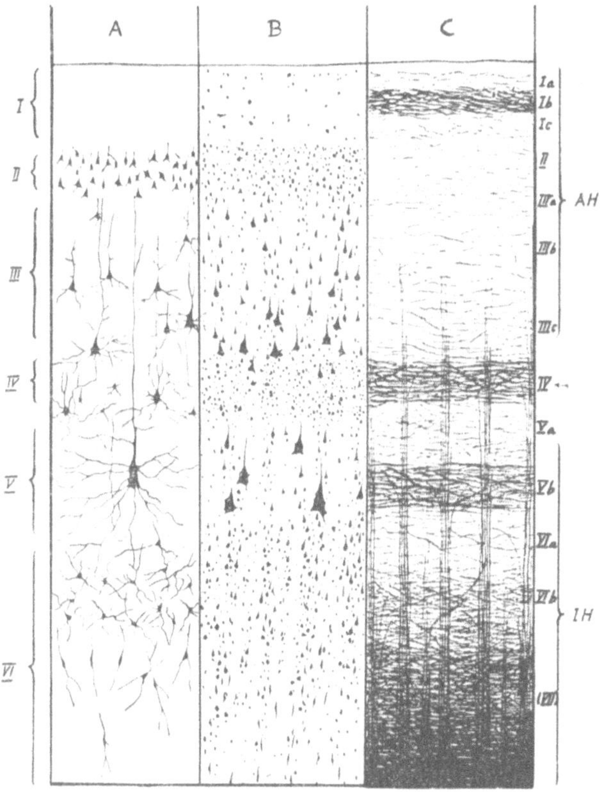

granularis externa s. corpuscularis), III=Äußere Pyramidenschicht (L. pyramidalis externa), IV=Innere Körnerschicht (L. granularis interna), V=Innere Pyramidenschicht (L. pyramidalis interna s. ganglionaris), VI=Polymorphenschicht (L. multiformis). Ia—VIb bezeichnen die Unterschichten der Großschichten. Die Basis von VIb wird auch als eigene Schicht VII, Lamina infima (Grundschicht), aufgefaßt. IV wird auch als Gennarischer Streifen oder IV u. Vb andererseits als Äußerer und Innerer Baillargerscher Streifen bezeichnet. AK=Äußere Hauptschicht, IH=Innere Hauptschicht. Nach Economo 1927, verändert.

Der Feinbau und -stoffwechsel der Rinde wechselt von Gebiet zu Gebiet, wodurch anatomisch oder physiologisch Rindenfelder (Areae) abzugrenzen sind. Im Säugetiersystem ranghohe Arten haben Rinden mit großer Oberfläche und Dicke, hoher Felderzahl (beim Menschen über 200) und weit auseinanderstehenden, viel Platz für zahlreiche und lange Dendriten und damit eine hohe Zahl von Verknüpfungsmöglichkeiten belassende Nervenzellen (Gesamt-Dendritenlänge des Menschenhirns schätzungsweise rd. 660 000 km!!). Da die Rinde arbeitsverschiedene Felder aufweist — nämlich einmal sensorisch-zentripetale Projektions-, d. h. Wahrnehmungs- und Erinnerungsfelder und motorisch-zentrifugale Ejektions-, d. h. Befehls- und Befehlserinnerungsfelder als Primärzentren, zum anderen Verknüpfungs- oder Assoziationsfelder als Sekundärzentren und schließlich Überlegungs- oder Kombinations- oder Integrationsgebiete als Höchstinstanzen — äußert sich auch deren Leistungsrang innerhalb der Gesamtrinde in der Dendritenzahl je Raumeinheit (niedrigste in Primär-, höchste in Integrationszentren). Vom peripheren Nervensystem über Rückenmark und Gehirn und innerhalb des letzteren vom Rauten- zum Endhirn besteht eine Schaltstellenstufenfolge (Zentrenhierarchie), die mit der fortschreitenden Vergrößerung des Großhirns innerhalb der Säugetiere (vom noch ganz frühtertiären Primitivgehirn der in Südamerika lebenden Opossummäuse oder Caenolestidae bis zum höchstentwickelten Elefanten-, Wal-, Menschenaffen- und Menschengehirn hin) immer stärker wird. Diese Gehirnvergrößerung (Cerebralisation), die sich auch stammesgeschichtlich an Hirnhöhlenausgüssen nachweisen läßt, äußert sich in einer Endhirnverstärkung (Telencephalisation) und in ihr wiederum in einer Rindenausdehnung (Corticalisation). Damit werden die hinter dem Großhirn liegenden (posttelencephalen) Gehirnabschnitte diesem immer tiefer untergeordnet und die Lebensfähigkeit ohne es immer geringer. Die posttelencephalen Gehirnabschnitte bestimmen dann nur noch das Gefühls-, Trieb- und Instinktleben (beim Menschen die „Tiefenperson"), das Großhirn das Erkennen, Erinnern, Bewußtsein, Denken und gewollte Handeln („Rindenperson").

Sinnesorgane

Die Sinnesorgane teilen einmal dem Säugetier Zustände bzw. Zustandsänderungen der Außenwelt mit (exteroreceptive Reize), zum anderen unterrichten sie es über viele Vorgänge seines Inneren (proprio- und enteroreceptive Reize). Reizempfänger sind entweder freie Nervenendigungen (Tast- und Druck-, Schmerz-, Temperatursinn) oder in Gruppen vereinte und mit Hilfsausrüstungen versehene Sinneszellen, die Sinnesorgane (Nase, Auge, Ohr). Die Reizempfänger (Receptoren) geben die Reize über Nervenfasern an höhere Zentren, z. T. bis ins Gehirn, wo sie in zuständigen Gebieten verwertet werden. Sinnesorgan, Nervenbahn und Gehirngebiet bilden zusammen den jeweiligen Sinnesapparat (Sinnessystem). Die Sinnesorgan-Sinneszellen sind ebenso wie die von ihr belieferten Verarbeitungsgebiete der Zentrale (vor allem Gehirnrindenfelder) jeweils nur für eine bestimmte Reizart (Modalität) empfänglich (reizspezialisiert). So antwortet z. B. das Auge auch auf Druck nur mit Lichtempfindungen oder äußert sich die Hörrinde auf alle ihr zugehenden Reize nur mit Tonempfindungen. Den Modalitäten nach lassen sich die Sinneszellen einmal in solche für die Mechanoreize Druck, Temperatur und Schall (Hautsinnesorgane und Ohr), zum anderen in die für die Chemoreize Geschmack und Geruch und ferner für die Lichtreize des Auges einteilen. Innerhalb einer Reizart äußert sich die Reizwandlung als Qualität (z. B. bitter und salzig beim Geschmack).

In der Netzhaut und Riechschleimhaut und überwiegend auch in den Geschmacksknospen gehen die Sinneszellen als Sinnesendzellen unmittelbar in weiterleitende Fasern über, während sie in den anderen Sinnesorganen als sekundäre Sinneszellen von einem Endnetz solcher Fasern umsponnen sind. Meist haben die Sinneszellen eine hohe Reizempfindlichkeit, damit auch niedrige Reizschwellen (z. B. genügen bereits beim menschlichen Auge 6.10^{-17} und beim Ohr 8.10^{-18} bis 4.10^{-17} Wattsekunden) und sprechen schon auf wenige Quanten oder wie in der Hundenase u. U. auf ein einziges Molekül an. Die Sinneszelle wird gereizt (erregt) durch Zufuhr oder Entzug einer physikalischen oder chemischen Energie und gibt nur ihre Erregungen und nicht den Reiz unmittelbar als Zeichen oder Signal (ablesbar als Potentialschwankung) an die Zentrale weiter, wo es in eine Qualitätsempfindung umgewandelt wird. Es ist bisher nicht ersichtlich, daß Säugetiere andere als die vom Menschen bekannte Modalitäten besitzen.

Der Gefühlssinn hat Empfindungsempfänger sowohl in der Körperdecke (Oberflächenempfindlichkeit oder -sensibilität) als auch in darunter gelegenen Geweben und Eingeweiden (Tiefen- oder Eigenempfindlichkeit oder Proprioreceptivität). Unter ihnen lassen sich solche für Tast-, Schmerz- und Temperatursinn (Mechano-, Noci-, Thermoreceptoren) unterscheiden. Soweit sie in der Körperdecke liegen, warnen sie auch den Körper vor von außen herantretende Gefahren. Der Tastsinn vermerkt Druck-, Berührungs-, Vibrations- und Kitzelempfindungen infolge Hautverformungen. Als Reizempfänger dienen einmal frei einfach oder in kleine Spitzen, Ösen oder Knöpfe aufspleißende feinste Nervenfäserchen (Neurofibrillen) oder dickeren Fasern aufsitzende End- oder Terminalkörper. Feinstfaserenden findet man in der Oberhaut und ihren Gebilden, in Schleim-, Knochenhaut, Zahnfleisch und Muskelbindegewebe.

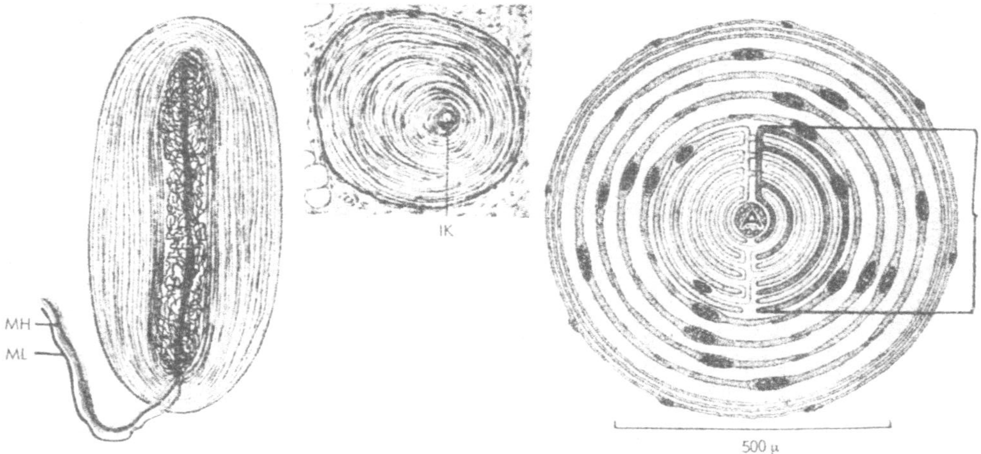

Abb. 31. Lamellenkörper: A: Halbschematisch im Längsschnitt mit dem markhaltigen Nervengeflecht um den Innenkolben (MH=Markhaltige, ML=Marklose Nervenfasern), B: Im Querschnitt (rd. 100×nat. Gr., IK=Innenkolben), C: Im Querschnitt, schematisch und vereinfacht (A=Achsenzylinder des Innenkolbens, I=Innenkolben mit Halblamellen). A & B nach Clara 1957, C nach Quilliam & Armstrong 1963, verändert.

Also auch an Haarwurzelscheiden, wodurch alle Haare, besonders aber die Grannen-, Leit-, Spür- und Schnurrhaare hochempfindliche Tastorgane sind und damit wesentlich zum Raumempfinden der Säugetiere beitragen.

Die Endkörper treten in drei Hauptformen, als Merkelsche Tastzellen, Meissnersche Tastkörper und als Lamellenkörper auf. Erstere ruhen als einfache eiförmige Zellen in Schalen aus Neurofibrillennetzen. Manchmal bilden sie hohe Stapel (Eimersches Organ) wie z. B. in der Maulwurfsnase oder in der Schweinerüsselscheibe. Die Meissnerschen Tastkörper stapeln sich als platte Tastzellen ellipsenförmig in Bindegewebshüllen, von Neurofibrillen netzig durchzogen. Ihre Hauptorte sind die Lederhautpapillen der Hand- und Fußsohlen. Die Lamellen- oder Kolbenkörper bestehen aus einem von Bindegewebsschalen mit zwischengeschichteten Flüssigkeitslagen umgebenen nackten Axonende. Von ihren vier Bauformen liegen die Krauseschen Endkolben in Haut, Unterhautbindegewebe, Bindehaut und Zunge, die Golgi-Mazzonischen und Genitalnervenkörper in Lippe, Flotzmaul, Wangenschleim-, Zehenballen-, Huflederhaut, Eichel, Kitzler, Blutgefäßen u. ä., die Ruffinischen Körper in Hautbindegewebe (Fingerbeeren, Zehenballen, Huflederhaut u. ä.), Mundschleimhaut und Speiseröhre, und die Vater-Pacinischen Körper in Leder-, Unter-, Knochenhaut, Gelenkumgebung, Sohlenballen, Flotzmaul, Gekröse, Bauchspeicheldrüse, Epithelkörperchen, Penis, Clitoris, Sinushaaren, Gefäßen und anderen Stellen.

Auch Verdauungskanal, Atmungsorgane, Urogenitalsystem, Herz, Gefäße, Muskeln, Sehnen und Gelenke tragen Mechanoreceptoren für die Reflexsteuerung. Die aus bindegewebsumhüllten, neurofibrillenversorgten Muskelgebilde der Muskelspindeln oder die gleichartig umhüllten und versorgten Sehnengebilde der Sehnen und Gelenkspind e l n vermitteln über den Dehnungszustand ihrer Träger die Körperlage im Raum. Die in den Blutgefäßwänden sitzenden Baro- oder P r e s s o r e - c e p t o r e n regeln reflektorisch den Blutdruck.

Die freien Nervenendigungen in der Haut scheinen nicht reizspezialisiert zu sein, sondern können je nach Bedarf Druck oder Kälte oder Wärme oder Schmerz vermitteln. Doch spielt wohl für die Temperaturgradfeststellung der Feinbau oder Stoffwechsel oder beide der ableitenden Neurofibrillen eine Rolle.

Alle diese Gefühlssinn-Receptoren sind oft dicht gesät. Trägt doch z. B. ein Flügel der Breitflügelfledermaus 8000—10 000 Sinneshaare, die Schnauze des Maulwurfs über 180 000 Nervenfaserendigungen, beim Menschen der Kleinfinger rd. 15 000 Meissnersche Körperchen, die Körperhaut rd. 250 000 Kälte- und 30 000 Wärmepunkte (von ersteren also rd. achtmal mehr).

S c h m e r z , den alle mechanischen, thermischen oder chemischen Körperbeschädigungen ab gewisser Stärke hervorrufen, wird vor allem von den fast im ganzen Körper vorhandenen freien Nervenendigungen vermerkt. Nur die Organe selbst wie Gehirn, Lunge, Leber, Niere usw., nicht jedoch ihre Hüllen, sind schmerzfrei.

G e s c h m a c k s - und G e r u c h s s i n n sind sich sehr ähnlich und oft schwer zu trennen, da die Nahrung über die Nasen-Mundhöhlen-Verbindung der Choanen geruchlich mit überprüft wird. Geschmack vermitteln die unter der Epitheloberfläche der Mundhöhle am Grunde einer Grube (Geschmacksgrube, -kanal oder -porus) eingesenkten, aus eng aneinander gelegten Spindelzellen als eigentlichen Receptoren zusammengesetzten Geschmacksknospen oder -becher (Calyculi gustatorii). Die Spindelzellen verlängern ihr schmales freies Oberflächenstück als ein Bündel feinster Zotten (Microvilli) in die in der Geschmacksgrube eingedrungene Mundhöhlenflüssig-

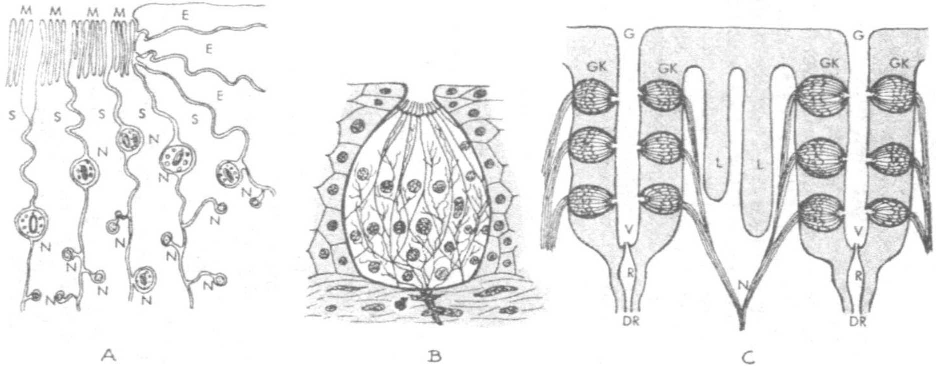

Abb. 32. Geschmacksknospen, schematisch. A=Schnitt durch den Porusteil einer Geschmacksknospe im elektronenmikroskopischen Bild; E=Epithelzellen, M=Mikrovilli oder Zotten der Sinneszellen (S), N=Nervenfasern. B=Längsschnitt durch eine im Epithel (schattiert) sitzende Geschmacksknospe (weiß) mit ihren spindelförmigen Sinnes- oder Receptorzellen und sie durchsetzenden (inter- und intragemmalen) Nervenenden. C=Längsschnitt durch eine Geschmackspapille und anstoßende Teile ihrer Nachbarpapille mit im Papillenwall sitzenden Geschmacksknospen (GK); G=Graben zwischen zwei Papillen, L=Lederhautleisten, DR=Spüldrüse, R=Drüsenreservoir, V=Drüsenventil, N=Nerven. A nach Lorentzo 1963, B nach Clara 1959, C nach Hesse-Doflein 1935; verändert.

keit, wo sie mit den Geschmackstoffmolekülen in Berührung kommen. In den Knospengrund treten von unten her die erregungsableitenden Nervenfasern.

Die Geschmacksknospen stehen hauptsächlich auf der Zunge in empfindsamen Papillen (Papillae sensitivae oder gustatoriae) gehäuft zusammen, in geringerer Zahl sitzen sie auch in der Mundschleimhaut bis zum Kehldeckel und Gaumensegel hin. Von den sensitiven sind die oft viel zahlreiche-

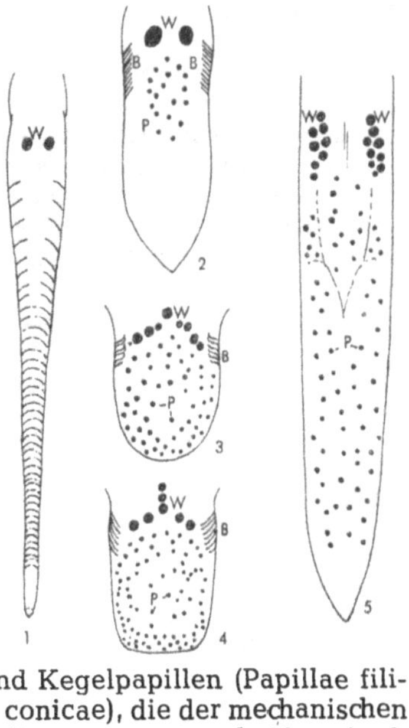

Abb. 33. Zungen einiger Säugetiere als Beispiele für die Papillenverteilung. 1=Tamandua, 2=Stachelschwein, 3=Mensch, 4=Gorilla, 5=Giraffe; W=Wellpapillen, P=Pilzpapillen, B=Blätterpapillen. Nach Sonntag 1920—25, verändert.

ren Faden-, Linsen- und Kegelpapillen (Papillae filiformes, lenticulares et conicae), die der mechanischen Nahrungsbehandlung dienen, zu unterscheiden. Auch die Empfindungspapillen treten hauptsächlich in drei Formen als Pilz-, Blätter- oder Rand- und Wallpapillen (Papillae fungiformes, foliatae et vallatae s. circumvallatae) auf. Pilzpapillen finden sich vor allem auf Zungenvorderteil und -mitte, Blätterpapillen am hinteren Zungenrand und Wallpapillen auf der hinteren Zungenspitze. Zahl und Sitz der einzelnen Empfindungspapillenarten und die jeweilige Zahl ihrer Geschmacksknospen wechseln stark innerhalb der Säugetiere, auch haben nicht alle Säugetierarten alle drei Papillenarten gleichzeitig. Die meisten Geschmacksknospen weisen die Wallpapillen auf, von denen eine bei den Rinderartigen 40 000 und mehr besitzen kann.

Schmeckstoffe gelangen normalerweise von außen her als feste oder flüssige Nahrung, manchmal auch gasförmig in die Mundhöhle. Doch müssen sie wasser- bzw. speichellöslich sein, um zu wirken. Sie können aber auch von innen her mit dem Blut durch die Schleimhaut herangetragen werden. Die vier bisher vom Menschen bekannten Geschmacksempfindungen oder -qualitäten süß, sauer, salzig und bitter sind auch für die Säugetiere, ja sogar für alle Wirbeltierklassen nachgewiesen worden. Doch besagt das nicht, daß jede Säugetierart alle vier Qualitäten besitzt (z. B. fehlt die Süßempfindung anscheinend Katze, Rind und Schaf). Außerdem scheint Wasserempfindlichkeit oder Wassergeschmack eine eigene Qualität zu sein, wie an einer Reihe von Säugetieren erkennbar wurde.

Bestimmte Feststellungen lassen vermuten, daß für die verschiedenen Qualitäten jeweils bestimmte, dem Bau nach jedoch nicht unterscheidbare Receptoren zuständig sind. Andererseits könnte es auch möglich sein, daß die Schmeckstoffe rein mengenmäßig durch die Geschwindigkeit ihres Aufgesogenwerdens wirken, wobei die Empfänger dafür verschieden empfindlich sind (Geschmacksspektrum). Auf jeden Fall scheint jedoch die Ionenkonzentration die Qualität mitzubestimmen, da es einerseits einzelne Schmeckstoffe gibt, die zwei verschiedene Empfindungsarten auslösen, andererseits dieselbe Empfindung durch ganz verschiedene Stoffe hervorgerufen werden kann und ferner ansteigende H-Ionenkonzentration die Sauerempfindung verstärkt.

Der G e r u c h s s i n n spielt im Leben der Säugetiere beim Auffinden und Prüfen der Nahrung, Aufspüren der Beute oder Artgenossen oder Geschlechtspartner, Feindvermeiden, Zusammenhalt der Verbandsgenossen, Markieren des Territoriums und anderen Verrichtungen eine ausschlaggebende Rolle. Das Geruchsorgan ist daher bei den meisten Säugetieren stark und im Durchschnitt stärker als bei allen anderen Wirbeltieren entwickelt. Sein Sitz, die Nasenhöhle, übertrifft in ihrer Ausdehnung oft den Gehirnraum.

Die äußere N a s e mit ihren meist durch Knorpel gestützten und mit Muskeln versehenen Weichteilen, steht einmal in ihren verschiedenen Formen feuchter, drüsenreicher, nicht selten in kleine Felder aufgeteilter Nasenspiegel, Rüsselscheiben oder Flotzmäuler sowie ihrer verschieden langer Rüssel im Dienste der Geruchswahrnehmung. Denn die feuchten Nasenspiegel usw. vergrößern die Haftflächen, die Rüssel den Einfangkreis für Duftstoffmoleküle. Zum anderen ist die Nase bei vielen Wühlern und Gräbern Haupt- oder Nebenwerkzeug zum Bodendurchdringen, bei Elefanten (bei denen rd. 40 000 Muskelbündel den Rüssel bewegen) vielseitiges Greiforgan, bei den Fledertieren in Form vielgestaltiger Nasenaufsätze Hilfsmittel der Echopeilung und bei den Zahnwalen durch muskulös veränderbare Nebenhöhlen (Spritzsäcke) des äußeren Nasenganges Hilfsmittel der Lautgebung.

Die durch eine Längsmittelwand (Septum narium) paarig geteilte N a s e n h ö h l e gliedert sich in einen unteren Atmungsraum (Regio respiratoria), in dem die von den vorderen Nasenlöchern zu den hinten gelegenen Choanen strömende Atemluft durch die Atmungsschleimhaut (Membrana respiratoria) der

Nasenmuscheln erwärmt und weitgehend von Staub befreit wird und in einen oberen-hinteren Riechraum (Regio olfactoria), in dem die Atemluft von der Riechschleimhaut (Membrana olfactoria) der Siebbeinmuscheln auf Riechstoffe geprüft wird.

Die Nasenmuscheln (Conchae, Turbinalia), die die Schleimhaut tragen, wachsen in jeder Nasenhöhlenhälfte als zarte Knochen vom Oberkieferbein (Maxilloturbinale) und Siebbein (Ethmoturbinalia) her aus und wulsten oder rollen sich am freien Ende ein. Maßgebend für die Flächengröße der Riechschleimhaut sind die Siebbeinmuscheln, die sich zu ein bis vier großen Hauptmuscheln (Ectoturbinalia) und ein bis zwölf kleinen, zwischen deren Füßen stehenden Nebenmuscheln (Endoturbinalia) auswachsen. Bei Gutriechern (Makrosmaten) mit hoher Muschelzahl rollen sie sich in vielen engen Windungen labyrinthartig ein (Siebbeinlabyrinth) und breitet sich die Riechschleimhaut sogar noch bis aufs Maxilloturbinale aus. Die Schlechtriecher (Mikrosmaten) tragen weniger und einfachere Muscheln (der Mensch z. B. hat außer dem Maxilloturbinale nur zwei kleine Ethmoturbinalia) und die Nichtriecher (Anosmaten) wie die Wale überhaupt keine.

Eigentliche Geruchsempfänger sind die Riechzellen, die zwischen Stütz- und Drüsenzellen in der Riechschleimhaut stehen. Die gelb- bis schwarzbraunen Stützzellen grenzen auffällig die Riech- von der Atemschleimhaut ab. Die Drüsenzellen überziehen die Riechschleimhaut mit einem feinen Schleimfilm als Auffänger und Löser der Duftstoffe. Deren Moleküle gelangen dann darin an die langen 6—12

→

Abb. 34. Riechgewebegrößen bei Säugetieren. 1—3: schematische Querschnitte durch die linke Nasenhöhle eines Makrosmaten (1) mit Endo- und Ectoturbinalia (erstere dick, letztere dünn ausgezogen), eines Mesosmaten (2) mit nur Endoturbinalia und eines Microsmaten (3) mit nur kleinen Endoturbinalia (Mensch). S=Nasenscheidewand, N=Nebenhöhlen der Nase. 4 u. 6: Schädel im Längsschnitt, Nasenscheidewand ent-

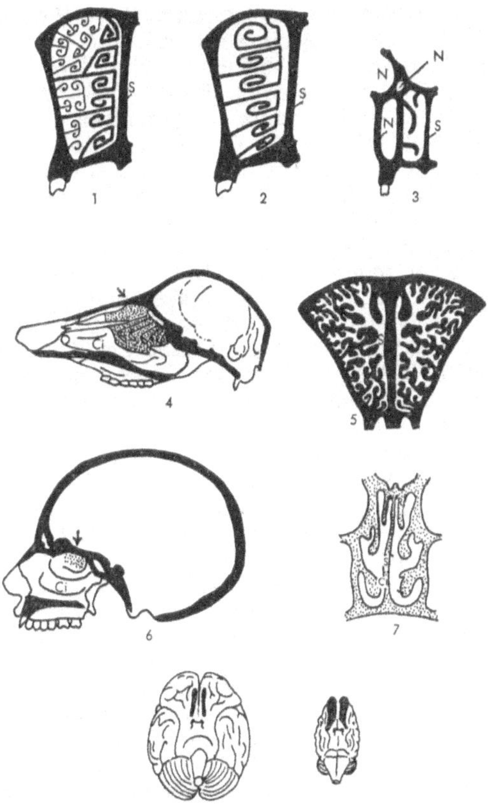

fernt, Riechschleimhautfläche punktiert (4=Reh, 6=Mensch, Ci=Concha inferior). 5 u. 7: Schädel im Querschnitt an der bei 4 u. 6 mit Pfeil bezeichneten Stelle (5=Reh, 7=Mensch, S=Nasenscheidewand, Ci= Concha inferior). Bei 5 alle Turbinalia mit Riechschleimhaut überzogen, bei 7 nur an der bei R schwarz gezeichneten Stelle. 8 u. 9: Gehirnunterseite von Mensch (8) und Reh (9) mit Lobus olfactorius (schwarz). 1—3 nach Paulli 1900 in Weber 1927 und Hesse-Doflein 1935. 4—9 nach von Frisch 1926 in Ihle 1947; verändert.

Wimpern (Cilia), die jede Riechzelle wie einen Blütenkelch ausbreitet. Makrosmaten haben eine große Riechschleimhautfläche mit einer hohen Riechzellenzahl (z. B. Hund je nach Größe rd. 60—120cm^2 und 125—225 Millionen, Mensch dagegen nur rd. 5 cm^2 und 500 000) und einer sehr hohen Empfindlichkeit der einzelnen Riechzelle, die u. U. bereits durch ein einziges Duftstoffmolekül erregt wird. Zum Auslösen einer Riechempfindung im Gehirn müssen jedoch mindestens mehrere Tausende von Molekülen gleichzeitig Erregungen verursachen. Aber auch der Mensch als Mikrosmate riecht noch erstaunlich gut, wenn man bedenkt, daß er vom Äthylmercaptan, dem Hauptduftstoff des Stinktiergestanks, noch 0, 000 000 000 002 g wahrnimmt. Diese winzige Duftstoffspur enthält allerdings immer noch 19 460 000 000 Moleküle.

Die Riechzellen scheinen nach den bisherigen Feststellungen wie die Schmeckzellen reizeigen (reizspezifisch) und daher in Gruppen, deren Mitglieder für bestimmte Reizformen oder -weisen besonders empfindlich sind, angeordnet zu sein. Für die Hauptgerüche, die für eine Säugetierart wichtig sind, gibt es also vermutlich jeweils eigene Receptorengruppen. Die Moleküle der verschiedenen Duftstoffe sind nach elektrischer Ladung, Schwingung und Bauform verschieden. Diese Eigenschaften scheinen für das „Erkennen" der Molekülsorte seitens der Riechzellen (d. h. beim Auftreffen der Moleküle auf und ihren Durchtritt durch die Cilienmembran), das die Art der damit ausgelösten Riechzellen-Potentialschwankungen bestimmt, maßgebend zu sein.

→

Abb. 35. Riechorgan, A—C Riechschleimhautbau, schematisch. A: Riechzellen (R) u. Stützzellen (S) im elektronenmikroskopischen Bild; 1=synaptische Bläschen, 2=Cilia, 3=Microvilli, BM=Basalmembran, E=Ersatzzellen, N=Nervenfaser (Fila olfactoria). B: Riechschleimhaut des Kaninchens im lichtmikroskopischen Bild; BL=Blutgefäß, BM=Basalmembran, E=Ersatzzelle, N=Nervenfaser (Fila olfactoria), R=Riech-

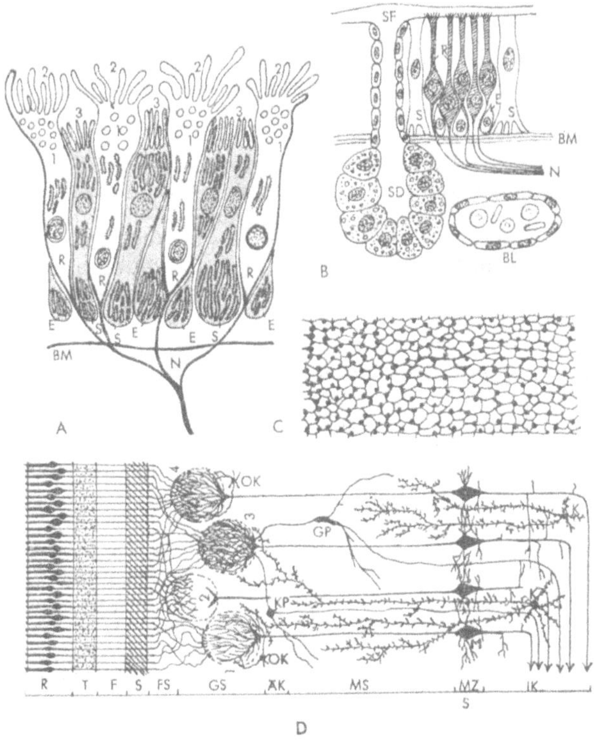

zelle, S=Stützzelle, SD=Schleimdrüse, SF=Schleimfilm. C: Riechschleimhautoberfläche des Kaninchens in Aufsicht, vergrößert; schwarze Punkte=Riechzellen, die nach rechts spärlicher werden. D: Bulbus olfactorius, Bauschema. R=Riechzellen, T=Tunica propria, T+R= =Riechschleimhaut, F=Fila olfactoria, S=Siebbein, FS=Fila olfactoria-Schicht, GS=Glomeruli-Schicht, ÄK=Äußere Körnerschicht, GP= =Große Pinselzelle, KP=Kleine Pinselzelle, K=Körnerzelle, M=Mitrazelle, OK=oberflächliche Körnerzelle. Im Glomerulum 1 nur Mitrazellenendbäumchen und keine Filafasern, im Glomerulum 2 nur Filafasern, im Glomerulum 3 u. 4 sowohl Endbäumchen als auch Filafasern eingezeichnet. A nach Lorenzo 1963 in Zotterman 1963, B nach Allison 1953 in Young 1957, C nach Retzius 1900 in Rauber-Kopsch 1939, D nach Clara 1959; verändert.

Ähnlich den Chemoreizen Geschmack und Geruch wird auch die Chemobeschaffenheit des Blutes von eigenen Reizempfängern als Chemoreceptoren aufgenommen. Es sind dies die Aderdrüsen oder Paraganglien des Glomus (Paraganglion) caroticum, der Carotisdrüse an der Teilungsstelle der Halsschlagader (Arteria carotis communis) und des Glomus (Paraganglion) aorticum, der Aortendrüse unter dem Aortenbogen. Sie sind für den *p*H-Wert und die CO_2-Spannung (O_2-Mangel bzw. CO_2-Überschuß) des Blutes empfänglich und melden Veränderungen über den Nervus glossopharyngeus und vagus an das Atemzentrum.

Am Boden der Nasenhöhle liegt ein paariges, knorpeliges, mit Schleimhaut ausgekleidetes Rohr, das Nasenboden- oder Jacobsonsche Organ (Organon nasovomerale s. Jacobsoni), das am oder im Nasengaumengang (Ductus nasopalatinus) einen Ausgang hat und dadurch mit der Mundhöhle in Verbindung steht. Sein Sinneszellenepithel und seine zum Riechhirn ziehenden ableitenden Nervenfasern weisen es als Riechorgan (Spür- oder Mundriechorgan) aus, dessen Schleimfüllung Duftstoffe in sich aufsaugt. Es tritt vor allem beim Flehmen einerseits und beim Nuckeln, Nibbeln oder Mümmeln andererseits in Tätigkeit. Beim Flehmen wird die Oberlippe hochgezogen, die Nase geschlossen und die Atmung angehalten. Beim Nuckeln usw. werden Lippen und Mundboden schnell auf- und abbewegt. Flehmen und Nuckeln etc. dienen dem Duftreizerkunden. Ersteres hauptsächlich bei Huftiermännchen, um den Oestruszustand bzw. die Paarungsbereitschaft eines Weibchens festzustellen, letztere dem Einprägen eines Partner- oder anderen Geruchs. Ein gut ausgebildetes Nasenbodenorgan haben Kloakentiere, Beutler, Insektenfresser, Nager und die meisten Huftiere.

Das Ohr erfüllt als Sinnesorgan eine Doppelaufgabe, da es sowohl dem Hören als auch dem Gleichgewichterhalten des Körpers dient. Als Hörorgan ist es in einen äußeren, mittleren und inneren Abschnitt (Außen-, Mittel- und Innenohr; Auris externa, media et interna) geteilt. Das äußere Ohr stellt dabei mit der Ohrmuschel (Auricula), den sie betätigenden, oft an einem eigens beweglichen Schildknorpel (Scutulum) der Kopfoberfläche ansetzenden Muskeln und dem äußeren Gehörgang (Meatus auditivus externus) den Schallfänger und -zuleiter dar. Die sich bei den meisten, vor allem großohrigen Säugetierarten auf Schall hin reflektorisch zusammenziehenden Ohrmuschelmuskeln (Preyerscher Ohrmuschelreflex) sprechen je nach Art auf bestimmte Schallfrequenzen und -druckbereiche, die jedoch vom Hörfrequenzenbereich unabhängig sind, an und bewirken so eine selbsttätige Schallortung.

Die Ohrmuschelgröße hängt oft eng mit der Lebensweise zusammen und reicht von den großen Schalltrichtern des steppenbewohnenden Löffelhundes oder urwaldbewohnenden Okapis oder der nächtlichen südasiatischen Großohrfledermaus (der sie sogar über dem Kopf zusammengewachsen sind) bis zu den kleinen Wülsten mancher Spitzmäuse. Steten Wühlern und Schwimmern wie z. B. Beutel-, Blind- und Goldmullen, Seehunden, -kühen und Walen fehlen sie ganz. Beutelratten und Galagos falten sie zum Schlafen ein, Wühler und Schwimmer verschließen den äußeren Gehörgang vor Erde bzw. Wasser. Auch als Stimmungsanzeiger und in Großform als Helfer beim Regeln der Körpertemperatur spielen die Ohrmuscheln oft eine wichtige Rolle.

Das Trommelfell (Membrana tympani) bildet die Grenze zwischen Außen- und Mittelohr. Letzteres erweitert sich zur resonanzgebenden Paukenhöhle (Cavum tympani). In ihr bilden die drei Gehörknöchelchen (Ossicula tympani) vom trommelfellaufliegenden Hammer (Malleus) über den Amboß (Incus) zum Steigbügel (Stapes) eine schwingungsübertragende Brücke zum ovalen Vorhoffenster (Fenestra ovale) des Innenohrs und von ihr die Ohrtrompete (Tuba pharyngotympanica) eine Verbindungsröhre zum Rachen. Die in ihrer Gestalt je nach Art verschiedenen Gehörknöchelchen sind meist gelenkig miteinander verbunden, bei den Walen jedoch verwachsen. Bei ihnen formieren sie mit dem äußeren Gehörgang ausfüllenden harten Wachspfropf einen festen Schalleitungsstab bis zum Vorhoffenster hin. Dafür ist ihre ganze Paukenhöhle nebst Innenohr durch schaumige Lufträume isoliert, um andere außerhalb der Ohröffnung aus dem gutleitenden Umgebungswasser an den Kopf gelangende Schallwellen abzuhalten.

Das Innenohr sitzt als häutiges, mit Endolymphe ausgefülltes Labyrinth im Perilymphe enthaltenden, ihm genau entsprechenden Hohlraum eines harten Knochens, der Felsenbeinpyramide (Os petrosum). Der obere Labyrinthteil dient der Gleichgewichtserhaltung (Pars statica), der untere dem Hören (Pars auditiva). Beide werden vom VIII. Gehirnnerven (Nervus statoacusticus) versorgt, der sich dementsprechend in einen Gleichgewichts- oder Raumsinn- und einen Hörnerv (N. vestibularis et cochlearis) aufteilt. Der statische Teil enthält zwei durch einen kleinen Kanal (Ductus utriculosaccularis) verbundene Vorhof- oder Statolithensäckchen. Aus dem größeren (Utriculus) erheben sich auf erweiterten Füßen (Ampullae) drei dreidimensional zueinander gerichtete Bogengänge (Canales semicirculares). Aus dem kleineren (Sacculus) bahnt sich ein Lymphkanal (Ductus endolymphaticus) den Weg durch das Felsenbein zum Subduralraum des Gehirns, um dort in der Lymphe in einem Säckchen (Saccus endolymphaticus) blind zu enden. Der akustische Teil beherbergt die Schnecke (Cochlea). Beide Teile verbindet der Ductus reuniens zwischen Sacculus und Cochlea. Der auditive Perilymphraum hat zwei Fenster zum

Mittelohr, das durch die Steigbügelfußplatte verschlossene Ovalfenster (Fenestra ovale) und daneben das häutig verschlossene Rund- oder Schneckenfenster (Fenestra rotunda s. cochleae).

Abb. 36. Gehörorgan eines Säugetieres, schematisch. Knochen schwarz (B=Basioccipitale, P=Petrosum, S=Squamosum, T=Tympanicum), Perilymphe fein punktiert, Gehirn grob punktiert (G=Großhirn, K=Kleinhirn, M=Medulla oblongata). 1=Ohrmuschel (Scapha), 2=Gehörgang (Meatus auditivus), 3=Trommelfell (Tympanicum), 4=Ohrspeicheldrüse (Parotis), 5=Hammer (Malleus), 6=Amboß (Incus), 7=Steigbügel (Stapes), 8=Steigbügelmuskel (Musculus stapedius), 9=Trommelfellspanner (Musc. tensor tympani), 10=Sacculus, 11=Macula, 12=Bogengänge, 13=Utriculus, 14=Ampullen, 15=Labyrinthnerv (Nervus vestibularis), 16=Schneckennerv (Nervus cochlearis), 17=Aquaeductus cochleae, 18=Ohrrachengang (Tuba Eustachii), 19=Paukenhöhle (Cavum tympani), 20=Saccus endolymphaticus, 21=Schnecke (=Cochlea). Nach Werner 1960, verändert.

Das L a b y r i n t h hat sechs Sinnesendstellen (Receptorenflächen), von denen fünf statische und eine akustische Reize vermitteln. Von den statischen befindet sich je eine als Crista in jeder Bogengangsampulle und je eine als Macula flach am Utriculusboden und gekrümmt in der Sacculuswand. Da beide Maculae rechtwinklig zueinander stehen, vertreten sie infolge der Sacculusmaculakrümmung gleich den Ampullencristae drei aufeinander senkrechte Richtungen. Die akustische Receptorfläche zieht sich als Cortisches Organ (Organon spirale) auf der Basilarmembran der Schneckenmitteltreppe entlang. Eigentliche Receptoren der Sinnesendstellen sind Sinneszellen, aus deren Oberfläche feine Sinneshärchen herausragen. Auf sie legt sich von oben (Cristae, Maculae) oder von der Seite (Cortisches Organ) her eine gallertige Deckhaut (Membrana tectora). Wenn sie sich infolge Kopfhaltungsänderungen (Cristae, Maculae) oder Schallschwingungen (Cortisches Organ) scherend verschiebt, verbiegt sie die Sinneshaare, erregt damit die Sinneszellen und löst so Potentialschwankungen aus, die durch die ableitenden Nerven als Signalmuster ins Gehirn gehen.

Während der Hörbereich des erwachsenen Menschen in noch jüngeren Jahren zwischen 15 Hz und 20 000 Hz liegt (mit zunehmendem Alter sinkt die Obergrenze stetig ab), erreicht die obere Hörgrenze mancher Säuger (die untere läßt sich wegen des Überganges in den Vibrationsbereich nur schwer feststellen) höhere Werte (Ultraschall). In Kiloherz (kHz) ausgedrückt z. B. beim Opossum 19—30, Siebenschläfer 30, Rhesusaffe 33, Schimpanse 26—33, Katze 35—50, Hund 40—100, Wanderratte 80, Hausmaus 98, Wale 200, Kleinfledertiere bis 400. Vor allem viele Kleinnager und Spitzmäuse, ferner die Kleinfedertiere, Krallenäffchen, Robben, Seekühe und Wale hören Ultraschall und nutzen diese Fähigkeit z. T. zur Echopeilung aus, d. h. zur genauen Ortung von Hindernissen, Beute oder Feinden durch Aussenden und Wiederhören von Ultraschall. Für Tiere, die in oft nur schlecht durchsichtigem Wasser oder in Dämmerung und Nacht tätig sind, eine Grundbedingung der Lebenserhaltung. Echopeilung wurde bisher sicher für Kleinfedertiere, einige Flughunde, Spitzmäuse, für Wale, Robben und Seekühe nachgewiesen. Die dabei erzielte Leistung grenzt z. T. ans Wunderbare, können doch z. B. Hufeisennasen damit kleinste Kerbtiere (bis zu 0,0002 g hinunter) bei voller Dunkelheit noch sicher erjagen und 0,2 mm dün-

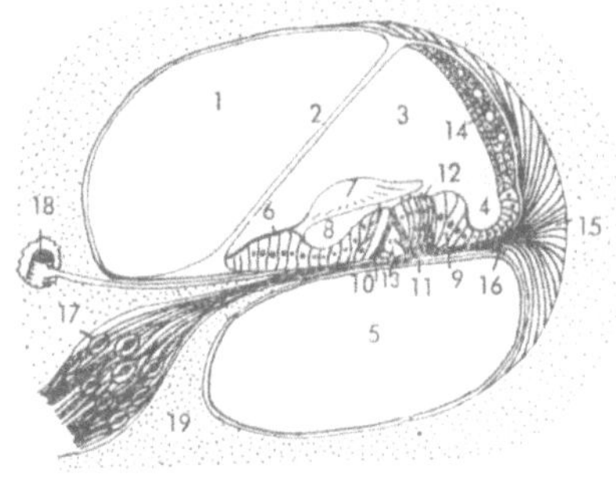

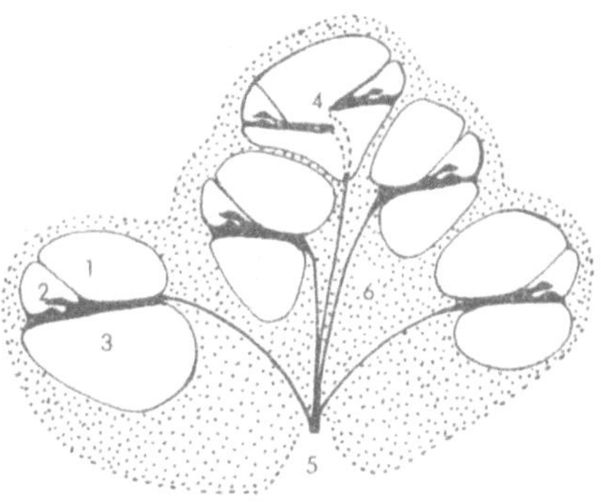

Abb. 37. Innenohr. A: Querschnitt durch eine Schneckenwindung, schematisch. 1=Scala vestibuli (periotischer Raum), 2=Membrana vestibularis (Reissneri), 3=Ductus cochlearis (endotischer Raum), 4=Sulcus spiralis, 5=Scala tympani (periotischer Raum), 6=Limbus spiralis, 7=Membrana tectoria, 8=Canalis spiralis, 9=Stützzellen, 10=Pfeilerzellen, 11=Basilarmembran, 12=Sinneszellen, 13=Innentunnel, 14=Stria vascularis, 15=Ligemantum spiralis, 16=Crista basilaris, 17=Ganglion spirale, 18=Arteria spiralis, 19=Knochen. B: Senkrechtschnitt durch eine Säugerschnecke mit 5 getroffenen Windungen, schematisch, 1=Scala vestibuli, 2=Ductus cochlearis, 3=Scala tympani, 4=Helicotrema, 5=Nervus cochlearis, 6=Modiolus. Der (weiße) Raum der Windungen wird vom (schwarzen) Cortischen Organ quer durchteilt. A nach Ruch, in Romer-Frick 1959, B nach Clara 1959; verändert.

nen Hindernissen ausweichen. Vor allem Kleinfedertiere haben ein durch Echopeilung erworbenes genaues Hörbild ihrer vertrauten Umgebung im Kopf, nach dem sie auch in voller Nacht blind fliegen.

Das besonders von Lachsen, Meeresschildkröten und Vögeln durch Markierung erwiesene Fernorientierungsvermögen, bei dem es sich um das selbständige Finden einzelner Tiere über größere Strecken ihnen bisher unbekannter Gebiete handelt, ist zwar bei Säugetieren auch schon wissenschaftlich überprüft worden (bei verschiedenen Mäusearten, bei Hunden, Katzen und Pferden). Doch war es dabei nicht möglich, alle irgendwie mitspielenden leitenden Umwelt- bzw. Sinnes- oder Erfahrungseinflüsse sicher auszuschließen (z. B. beim Fledertierzug, der meist gesellig vonstatten geht, so daß die Tiere voneinander — etwa die Jungen von den Alten — den Zugweg kennenlernen). Obwohl auch durch zahlreiche Zufallsfälle von weither heimkehrenden Haustieren als ziemlich sicher anzunehmen ist, daß auch Säugetiere ein Fernorientierungsvermögen besitzen, sind die dabei auftretenden drei Hauptfragen nach wie vor unbeantwortet, nämlich: 1) Wie erkennt das Tier am Aufbruchsort die geographische Lage des Zielortes im Verhältnis zum ersteren? 2) Wie findet es die einzuschlagende Himmelsrichtung? und 3) Wie vermag es unterwegs trotz wechselnder Umweltsgegebenheiten die eingeschlagene Richtung beizubehalten?

Der bisher bekannte Strahlungsbereich umfaßt zwischen Ultrakurz- und Überlangwellen rd. 65 Oktaven zwischen 0,006 XE und 30 km. Davon wird von irdischen Lebewesen nur ein kleiner Ausschnitt als Sicht wahrgenommen (vom Menschen z. B. nur die Oktave zwischen 400 und 700 mμ). Lichwahrnehmungsorgan der Säugetiere ist vorwiegend das Auge. Die bei einzelnen Menschen erwiesene hohe Lichtdeutungsfähigkeit der Haut, die mit mindestens drei Receptoren unterschiedlicher Spektralempfindlichkeit arbeitet, Schriftlesen und Farbenerkennen ermöglicht und in ähnlicher Form vermutlich auch bei einigen Säugetieren anzutreffen sein wird, sei hier außer acht gelassen.

Am A u g e ist der Augapfel mit dem ableitenden Sehnerv und dem zugehörigen Gehirnbereich der eigentliche Sehapparat, der der Umsetzung der Lichtbewegung in Nervenerregung und ihrer Deutung im Gehirn als Licht- und Farbempfindung bzw. Bild dient. Die das Auge bewegenden Muskeln (vier gerade, zwei schiefe und ein Augapfelrückzieher) stellen den Bewegungsapparat dar, der den Sehapparat richtig einstellt. Die knöcherne, mit Bindegewebshäuten (Fascien) ausgekleidete, mit Fett ausgepolsterte, mit Bindehaut (Conjunctiva) und Augenlidern (Palpebrae) nach vorne abgeschlossene und durch Tränendrüsen bespülte Augenhöhle (Orbita) liefert den Schutz- oder Hüll- und Hilfsapparat.

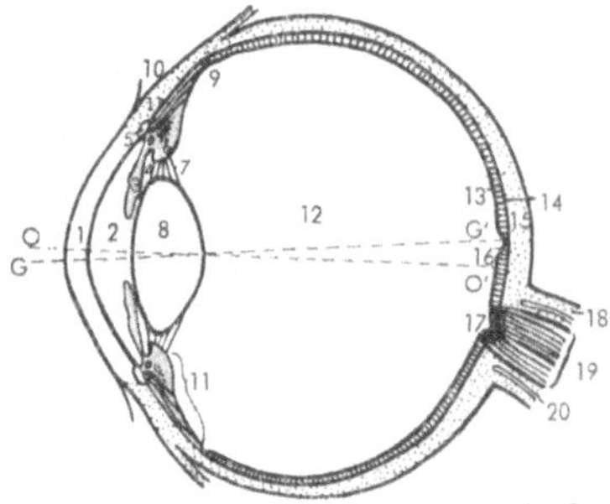

Abb. 38: Bau des Auges, schematisch. 1=Hornhaut, 2=vordere Augenkammer, 3=Iris, 4=hintere Augenkammer, 5=Venensinus der Sklera (Schlemmscher Kanal), 6=Fibrae circulares des Ciliarmuskels, 7=Strahlenbändchen, 8=Linse, 9=Ora serrata, 10=Konjunctiva, 11=Ciliarkörper (Fibrae meridionales), 12=Glaskörper, 13=Netzhaut, 14=Aderhaut, 15=Sehnenhaut, 16=Fovea centralis, 17=Blinder Fleck, 18=Dura, 19=Sehnerv, 20=Pia, G-G'=Gesichtsachse, O-O'=Optische Achse. Nach Young 1957, verändert.

Das Auge stülpt sich beim Keimling aus der Zwischenhirnseite als Blase bis unter die Haut hinaus, dann mit ihrer hautnahen Seite so wieder ein, daß ein zweischichtiger Becher entsteht, der mit dem Zwischenhirn durch den zum Sehstrang werdenden Augenstiel verbunden bleibt. Die äußere Becherwand wird zur Farbstoffschicht oder Pigmentepithel (Stratum pigmenti), die innere zur Sinneszellenschicht oder Netzhaut (Retina), während sich die Haut vor der Becheröffnung verdickt, als Linse (Lens crystallina) abschnürt und der Becherinnenraum vom Glaskörper (Corpus vitreum) erfüllt wird.

Der so vom Ectoderm geschaffene Augapfel (Bulbus) wird vom Mesenchyn als Gefäßhaut (Uvea), die im Pigmentepithelbereich Aderhaut (Chorioidea) genannt wird, überlagert, wobei sich vorn der Faltenkranz (Ciliarkörper, Corpus ciliare) mit der Regenbogenhaut (Iris) und dem Sehloch (Pupilla) in der Mitte bildet. Die ganze Uvea umhüllt damit als mittlere Augenhaut (Tunica media s. vasculosa) Pigmentepithel und Netzhaut, die von da ab zur inneren Augenhaut (Tunica interna s. nervea) werden. Auf die Tunica media legt das Mesenchym noch eine Außenhaut (Tunica externa s. fibrosa), auch als Leder- oder Sehnenhaut (Sclera) bekannt, deren vorderer, die Linse überdeckender Teil als Hornhaut (Cornea) durchsichtig bleibt.

Die Innenhaut der Lider, die Bindehaut, bildet im inneren Augenwinkel die Blinz- oder Nickhaut (Membrana nictitans s. Plica semilunaris) aus, die als Sauropsidenerbe bei den meisten Säugern verkümmert ist, aber bei den Huftieren, dem Erdferkel und den Indris noch über das ganze, bei den Schweinen das halbe Auge gezogen werden kann. Die der Nickhaut eigene Hardersche Drüse, die den Primaten fehlt, hat bei den Seekühen und Walen besondere Größe. Dazu kommt bei den Walen noch eine zweite Fettdrüse in der Lidbindehaut und eine dritte gleiche Drüsenreihe in den Wimperbälgen (Mollsche Drüsen), während die sonst den Landsäugern hauptsächlich die Augenbutter (Sebrum palpebrae) liefernden Maibomschen Drüsen der inneren Lidränder den Wassersäugern fehlen.

Die Wale tragen auch den hinteren Sclerateil ungewöhnlich verdickt, um die für das N a h s e h e n unter Wasser erforderliche flache Augapfelform zu erhalten. Wie denn überdies die Wassersäuger in einer ebenfalls außerordentlich dicken Aderhaut, im Fehlen des Tränennasenkanals (Ductus nasolacrimalis) zwischen Augenwinkel und Nasenhöhle und in der kugeligen Gestalt ihrer Linse (die zwar wenig veränderlich — akkomodierbar —, dafür aber durch kurzen Brennpunktabstand von der Netzhaut zum Nahsehen und zum Ausnutzen auch noch stark seitlich einfallender Strahlen besonders geeignet ist) gegenüber den Landsäugern weitere Baueigentümlichkeiten des Auges zeigen.

Viele Säugetiere enthalten in der dreischichtigen Aderhaut, die auf einer Grundschicht eine Groß- und eine Haargefäßschicht zur Blutversorgung des Auges trägt, eine L e u c h t s c h i c h t (Tapetum lucidum). Sie liegt im Augenhintergrund über dem Sehnerv und besteht bei den Wiederkäuern und Zahnwalen aus einem feinen Gewebe metallisch glänzender Streifen (Tap. fibrosum lucidum) oder bei den Bartenwalen, Robben und Raubtieren aus Zellen mit organisch kristallinen Glanzkörpern (T. cellulosum lucidum). Das als große (Robben und Wale) oder kleinere Fläche (Raubtiere) oder Streifen (Huftiere) sich erstreckende Tapetum wirft das Licht nochmals von hinten durch die dort farbstoffarme bis -lose Pigmentepithelschicht in die Netzhaut zurück und verstärkt den Lichtreiz. Sie erscheint dabei in azurblauer, grünblauer oder goldgrüner bis -gelber Farbe.

Die Aderhaut formt nach der Linse zu einen aus 60 bis 135 senkrechten Falten bestehenden Ringstreifen oder F a l t e n k r a n z (Corpus ciliare) mit dem Ciliarmuskel, aus dem feine Strahlenbändchen (Fibrae suspensoriae als Bereich der Zonula ciliaris s. zinnii) zur Linsenkapsel ziehen, diese einspannen und durch Ciliarmuskelzug abflachen oder entspannend rundlicher werden lassen (Akkomodation). Augentiere wie Affen und Mensch haben eine hohe Akkomodation (10 – 12 Dioptrien), Nasen-, Nacht- und Wassersäuger eine geringe (3 – 0 Dioptrien).

Die am Faltenkranz ansetzende, einen weiten Ringstreifen bildende Regenbogenhaut besteht aus glatten, aufs höchste (bis zu 80 %) zusammenziehbaren Muskeln. Sie regelt durch den mit der Netzhaut als Meßwerk eines Reglerkreises ausgestatteten Pupillarreflex selbsttätig die Pupillenweite. Bei Huftieren und Walen trägt der Pupillenrand knopfige bis gestielte oder plättchenförmige Wucherungen (Traubenkörner, Granulae oder Flocculi iridis, Corpus nigrum, Umbraculum) unbekannter Bedeutung, die ins Sehloch hineinragen. Die Pupille nimmt innerhalb der Säugetiere alle Formen zwischen kreis-, schlitzförmig und drei- bis vieleckig ein und wechselt ihre Gestalt auch noch nach Belichtungsstärke und z. T. auch Lebensalter. Ein eindeutiger Bezug zwischen Pupillenform und Lebensweise läßt sich bisher nicht ersehen.

Sinnesepithel des Auges ist die Netzhaut, doch nur ihr hinterer Teil (Pars optica) mit Sinneszellen besetzt, während der vordere (Pars caeca) receptorlos ist. Die Sinneszellen sitzen als Stäbchen und Zapfen vom einfallenden Lichtstrahl her gerechnet zuunterst in der bei höheren Säugetieren und dem Menschen neunschichtig gebauten Retina. Die Schichten enthalten außer den Sinnes- auch Stütz- und dendritenreiche Nervenzellen. Als Zwischenhirnausstülpung läßt sich die Netzhaut als eine Art Hirnrinde betrachten. Man unterscheidet deshalb auch in ihr zwei Hauptschichten, die äußere, auch Neuroepithel genannt, mit der Sehzellenschicht und die innere Haupt-, Gehirn- oder Cerebralschicht mit den Neuronen- und Verbindungsstück-(Synapsen-)schichten. Da die Netzhaut mit ihren Sinneszellen sowohl Reizempfänger als auch mit ihren Nervenzellen Reizver-

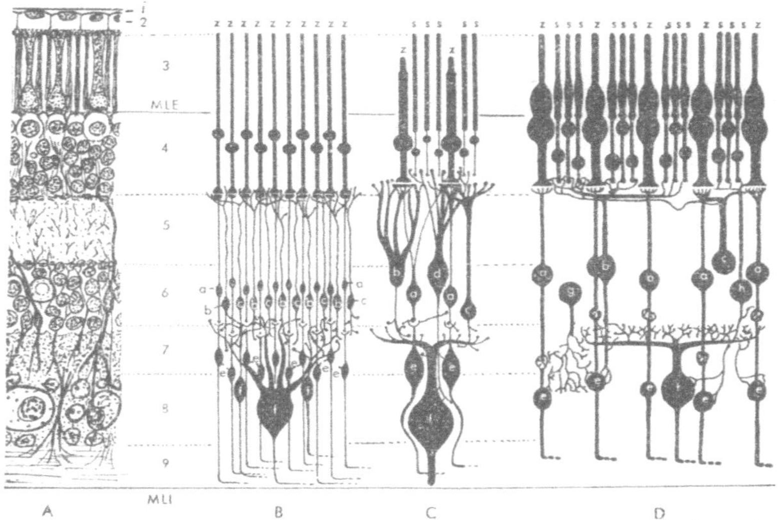

Abb. 39. Netzhautbau, schematisch. A=Senkrechter Schnitt durch die Netzhaut eines Säugetieres, B=Menschliche Netzhaut im Bereich der zapfenhaltigen Area centralis, C=im Bereich der stäbchenhaltigen Peripherie, D=Säugetiernetzhaut. 1=Glashaut, 2=Pigmentepithel, 3=Stäbchen- und Zapfenschicht, 4=Äußere Körnerschicht, 5=Äußere plexiforme Schicht, 6=Innere Körnerschicht, 7=innere plexiforme Schicht, 8=Ganglienzellenschicht, 9=Nervenfaserschicht, MLE=Membrana limitans externa, MLI=M. l. interna, a=Kleine

Bipolarzelle, b=diffuse oder Bürstenbipolarzelle, c=flachkronige Bipo larzelle, d=Büschel- oder Pinselbipolarzelle, e=kleine Ganglienzelle, f=diffuse oder Schirmganglienzelle, g=Amakrine Zelle, h=zentrale Bipolarzelle. Nach Romer-Frick 1959 und Trentlenburg 1961, verändert. ←

arbeiter ist, läßt sie sich weder mit der Hirnrinde noch mit anderen Sinnesflächen auf eine Stufe stellen.

Die einzelne Sinneszelle (nach der Bauform Stäbchen oder Zapfen genannt) steht in der untersten Netzhautschicht gleichsam Kopf. Hält sie doch ihren Synapsenfuß dem einfallenden Lichtstrahl zu, ihren Kopf jedoch als Außensegment ihm abgekehrt. Das Außensegment bildet den eigentlichen Reizempfänger, der mit einem Stapel Hunderter feinster Scheibchen erfüllt ist, deren Häutchen Sehpurpur (bei Stäbchen als Rhodopsin, bei Zapfen als Porphyropsin und Iodopsin, alle jeweils aus einem Eiweiß und einem Carotinoid bestehend) enthält. Das zwischen Außensegment und Synapse sitzende Innensegment stellt eine Art Batterie dar, die aus in ihm gelagerten Mitochondrienschläuchen gespeist wird und das wie eine Antenne wirkende Außensegment unter Spannung hält. Eintretende Lichtquanten erregen die Außensegmentscheiben zu einem Generatorpotential, das einen zum Gehirn weitergeleiteten Impuls auslöst. Stäbchen und Zapfen werden nur von elektromagnetischen Wellen zwischen etwa 400 und 700 μm Länge gereizt. Die dadurch verursachte Erregung empfindet der Augenträger als Licht oder Farbe oder beides. Was zwischen objektivem Strahleneinfall und subjektiver Lichtfarbenempfindung in Sinnesorgan und Gehirn vor sich geht, ist großenteils noch unbekannt.

Die Stäbchen sind nur helldunkel-, die Zapfen auch farbempfindlich. Fast nur tagtätige Säugetiere sind farbtüchtig. Nacht- und Dämmerungstiere benötigen kein Farberkennen, da bekanntlich nachts alle Katzen grau sind. Trotzdem soll der Nachtaffe Farben sehen können. So trägt ihre Netzhaut auch

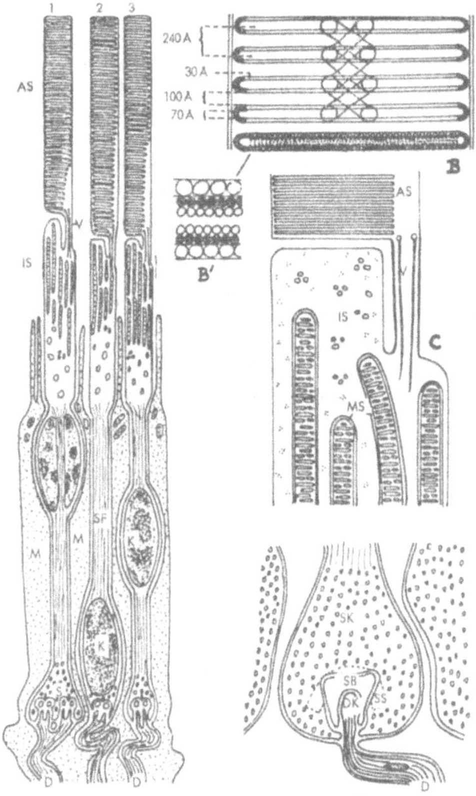

Abb. 40. Bau der Netzhautstäbchen des Meerschweinchenauges im elektronenmikroskopischen Bild, schematisch. A: 3 Stäbchen (1—3) senkrecht nebeneinander stehend. B: 5 doppelhäutige Scheiben aus dem Außensegment mit Maßangaben, vom untersten bei B' ein Ausschnitt vergrößert. C: Verbindungsglied eines Stäbchens. D: Synapsenkörper eines Stäbchens. AS=Außensegment, D=Dendriten von bipolarer Nervenzelle. DK=Dendritenkopf in Synapse, IS=Innensegment, K=Kern, M=Müllersche Zelle, MS=Mitochondrienschlauch, S=Synapsenkörper, SB=Synapsenbläschen, SF=Stäbchenfibrillen (feine Nervenfasern im Stäbchenfaden), SK=Synapsenkörnchen, SS=Synapsenstreifen, V=Verbindungsglied. Nach Sjöstrand 1959, verändert.

kaum Zapfen, meist jedoch überhaupt keine. Das einwandfreie Feststellen der Farbtüchtigkeit bei Tieren ist sehr schwierig. Bisher haben sich etwa folgende von den bisher untersuchten noch nicht zahlreichen Säugetierarten als farbfähig bis farbtüchtig erwiesen: Meerschweinchen, Eichhörnchen, Ziesel, Mungo, Pferd, Rind, Schaf, Ziege, Rothirsch, Giraffe und Affen (daunter sogar der Nachtaffe) als farbtüchtig, Igel, Mink, Iltis, Frettchen, Hermelin, Baummarder, Wolf und Hund, Hauskatze, Indische Zibetkatze, Rötelmaus und Nilgauantilope als farbfähig (d. h. sie sehen nicht alle Farben der ganzen Farbskala). Einige Säugetiere scheinen auch Infrarot zu sehen (Pferd, Rind, Schaf, Ziege, Steinbock, Reh, Fuchs, Hund und Katze), doch wurden daraufhin bisher nur wenige Arten überprüft.

Die Zahl der Sehelemente je Flächeneinheit, die Verteilung der Stäbchen und Zapfen, die Pars optica-Größe, die Ausbildungsweise des Gelben Flecks (Macula lutea) als Stelle schärfsten Sehens, die Neuronen- und Dendritendichte und andere Feinbaueigenschaften der Netzhaut sind ebenso wie die Linsenform und -akkomodierbarkeit, Augenstellung im Kopf und damit Sehfeldüberdeckung und Gesichtsfeldgröße, Tiefenschärfe, Raumerfassung und andere Gesichtssinnfähigkeiten für die Wertigkeit des Auges in der Lebensführung seines Trägers von großer Bedeutung.

Kreislaufsystem

Als Versorgungsapparat bringt der Kreislauf Aufbau-, Ernährungs-, Betriebs-, Abwehr-, Heil- und Regelungsstoffe in alle Gewebe und schafft Stoffwechselabfälle von dort heraus, wobei das Herz als Muskelpumpe in einem weitverzweigten Röhrensystem den Kreislauf in Fluß hält. Betriebsstoffe sind dabei Blut und Lymphe, die ihren flüssigen Anteil aus der Zwischengewebsflüssigkeit erhalten, ihre

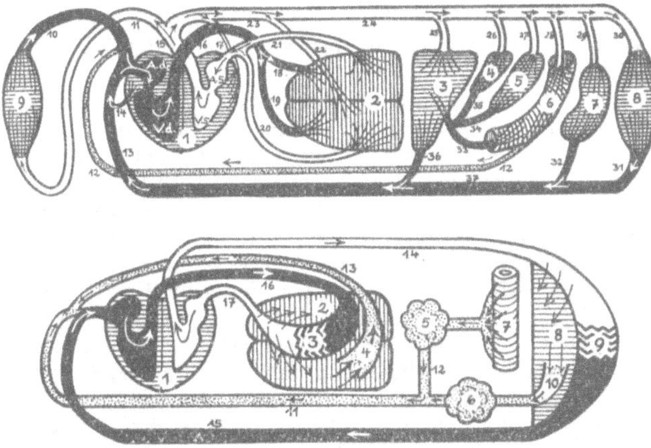

Abb. 41. Kreislaufschemata eines Säugetieres, stark vereinfacht. Oben Blutkreislauf, unten Lymphkreislauf. Arterielle Blutbahn weiß, venöse Organe schraffiert. 1=Herz (A. d.=Atrium dextrum, V. d.=Ventriculus dexter, A. s.=Atrium sinistrum, V. s.=Ventriculus sinister), 2=Lunge, schwarz, Lymphbahn punktiert. Zu Blutkreislauf: Kapillargebiet der 3=Leber, 4=Bauchspeicheldrüse, 5=Milz, 6=Magen-Darm-Kanal, 7=Niere, 8=Hinterkörpergebiet, 9=Hals-Kopf-Gebiet, 10=Vena cava cranialis, 11=Truncus brachiocephalicus, 12=Ductus lymphaceus thoracicus, 13=Vena cava caudalis, 14=Venae coronariae, 15=Arteria aortae (Aorta ascendens), 16=Arteria pulmonalis, 17=Arteria coronaria, 18 u. 19=Ramus dexter et sinister Arteriae pulmonalis, 20 u. 21=Venae pulmonales, 22=Arteria brachialis, 23=Aorta descendens, 24=Arteria thoracica, in Fortsetzung abdominalis, et Arteriae iliacae, 28=Arteria mesenterica, 29=Arteria renalis, 30=Arteriae iliacae, 31=Venae iliacae, 32=Venae renales, 33=Vena portae, 34=Vena lienalis, 35=Vena pancreatica, 36=Venae hepaticae, 37=Pars abdominalis und in Fortsetzung thoracica der Vena cava caudalis. Zu Lymphkreislauf: Kapillargebiete der Organe in Zackenlinien, Gewebegebiete der Organe schraffiert. 1=Herz, 2=Lunge, 3=Übergangsbereich des Kapillarsystems des Lungenkreislaufs, 4=Lymphsystem der Lunge, 5 u. 6=Lymphdrüse (-knoten), 7=Darmkanal, 8=Körpergewebe, 9=Übergangsbereich der Kapillarsysteme des Körperkreislaufs, 10=Lymphsystem des Körpers, 11=Hauptlymphstamm (Ductus lymphaceus thoracicus), 12=Chylusgefäßstamm, 13=Lungenlymphsammelstämme zum Ductus lymphaceus thoracicus, 14=Aorta descendens, 15=Vena cava caudalis, 16=Arteria pulmonalis, 17=Venae pulmonales. Die Pfeile im Gewebe der Lunge (2) und des Körpers (8) besagen, daß im arteriellen Blutkapillarsystem Flüssigkeit in das Gewebe austritt, die im Bereich des venösen Blutkapillarsystems teils in das Blut zurückkehrt, teils ins Lymphkapillarsystem übertritt. Nach Haltenorth 1964.

festen Blut- und Lymphzellen aus den blutbildenden Organen (Knochenmark, Milz, Thymus, Lymphorgane und Gewebe). Betriebskanäle bilden das Blut- und Lymphgefäßsystem.

Das Blutgefäßsystem ist ein nur in Knochenmark, Milz und lymphoiden Blutknoten offenes, sonst geschlossenes Röhrenwerk, in dem das Blut alle Gewebe erreicht. Zu letzterem verhilft ihm das Herz, das es in die von ihm abgehenden und sich immer weiter aufzweigenden Schlag- oder Pulsadern (Arterien), die sich in den Geweben zu Kleinstarterien (Arteriolen) und Netzen feinster Haargefäße (Kapillaren) auffasern, treibt. Aus den Haargefäßen sammelt sich das Blut in Kleinstvenen (Veniolen) und Venen oder Blutadern, die es zum Herzen zurückbringen. In den Haargefäßen der Lunge wird dem Blut Sauerstoff zugeführt, in den übrigen Körperbereichen entzogen. Die Haargefäße dienen also dem Stoffwechsel, die Großgefäße dem Stofftransport. Eine Besonderheit des Blutgefäßsystems sind die Wundernetze (Retia mirabilia), bei denen sich Arterien zwei- oder einseitig (bi- oder unipolar) aufteilen, um in bestimmten Gebieten ihr Blut in der Zeiteinheit unter vermindertem Druck und in nur kleinen Mengen durchziehen zu lassen. Bipolar ist ein Wundernetz, wenn sich eine Arterie in zahlreiche Arteriolen buschig aufgliedert und sich danach wieder vereint, wie die Knäuel (Glomeruli) der Nierenarterien. Unipolar nennt man ein Wundernetz, wenn eine Arterie oder auch Vene sich bis in Haargefäße auflöst, die ins Venen- bzw. Arteriensystem übergehen. Unipolare Retia finden sich bei Säugetieren vielfach an den verschiedensten Orten (Kopfschlagadern der Schädelhöhle, Aderhaut des Auges, Eingeweidegefäße, Gliedmaßen u. a.), besonders ausgedehnt und zahlreich jedoch bei Wassersäugern wie Robben und Walen, bei letzteren am stärksten. Sie dienen vor allem als Blutspeicher und Druckausgleicher für das Tauchen.

Das Lymphgefäßsystem ist ein bevorzugt dem Venensystem beigeschlossenes und wie dieses nur herzwärts führendes Kanalnetz des Lymphapparates mit heller bis milchtrüber Flüssigkeit, der Lymphe, die freie Zellen (Lymphocyten) enthält. Die Lymphbahnen beginnen im Körperbereich mit einem Netzwerk feinster Haargefäße (Lymphkapillaren), in die die Zwischenzell- oder Gewebsflüssigkeit die großmoleküligen Abfälle (Bakterien, Staub) und Abtransportstoffe (Eiweißmoleküle, Fetttröpfchen u. ä.), die das Blut nicht aufnehmen kann, ablädt. Die Haargefäße vereinigen sich zu Lymphgefäßen, diese zu Sammelstämmen, die mit dem Milchbrustgang (Ductus lymphaceus thoracicus) aus dem Körperbereich und den beiden Luftröhrengängen (Ductus lymphacei tracheales) aus dem Hals-Kopfgebiet abschließen. Letztere beide münden in ersteren, kurz bevor dieser sich dicht am Herzen in die craniale Hohlvene ergießt. Die Lymphgefäße liegen stets in ihrem Mutterboden, dem kallogenen Bindegewebe.

Die Gewebsflüssigkeit, in der gleichsam alle Zellen und Gewebe eingetaucht liegen, durchsetzt den ganzen Körper und vermittelt seinen Stoffwechsel, indem die arteriellen Kapillaren ihre Nährstoffe zuerst an sie abgeben, von wo sie in die Zellen gelangen und die Stoffwechselschlacken aus den Zellen ebenso in sie abgeladen werden, woher sie dann in die Veniolen und Lymphkapillaren übertreten. Aufgefüllt wird die Gewebsflüssigkeit von Magen- und Darmschleimhaut und durch Nieren- und Schweißdrüsenaussonderung in Bestand und Zusammensetzung reguliert.

Die Betriebskräfte, die den Kreislaufstrom bewegen, werden im Blutgefäßsystem vom Herzmuskel und den Wandmuskeln der Arterien gestellt, deren rhythmische Zusammenziehungen Blut und

Puls bis in die Haargefäße zwingen. In den Venen und Lymphgefäßen wird die herzwärtige Strömung durch den Pulsschlag benachbarter Arterien, Kontraktionen anliegender Muskeln und durch die Saugkraft sich nach dem Zusammendruck wieder entfaltender Gefäßabschnitte gefördert. Dazu kommt in Herznähe noch die Saugkraft der sich leerenden Vorkammern und die Druckschwankung der atmenden Brust.

Das Blutgefäßsystem umfaßt zwei Hauptkreisläufe, den Körper- und den Lungenkreislauf. Beide entspringen aus den Hauptkammern des Herzens, das bei den Säugetieren in seiner rechten und linken Hälfte mit je einer Vorkammer (Atrium) und einer Haupt- oder Herzkammer (Ventriculus) vollständig voneinander abgeteilt ist. Die rechte Herzkammer entsendet die Lungenschlagader (Arteria pulmonalis), die dem VI. Arterienbogen der niederen Wirbeltiere entspricht, zur Lunge, die sich dort ins Lungenkapillarsystem auflöst, aus dem zwei bis neun Lungenvenen (Venae pulmonales) zur linken Herzvorkammer zurückkehren. Die linke Herzvorkammer entläßt die Haupt- oder Körperschlagader (Arteria aorta), die den IV. Arterienbogen und von ihm nur die linke Hälfte (bei den Vögeln die rechte) darstellt. Ihr kurzes Anfangsstück (Aorta ascendens) spaltet sich gleich in einen kopfwärtigen Hauptast oder vordere Hauptschlagader (Truncus anonymus s. brachiocephalicus) und einen beckenwärtigen Hauptast oder hintere Hauptschlagader (Aorta dorsalis s. descendens). Beide Hauptäste unterteilen sich bis in Kapillarnetze, die allmählich in venöse übergehen. Aus dem venösen Kapillarenteil sammeln sich über Kleinst- und Kleinvenen alle größeren Venen in zwei Haupt- oder Hohlvenen (Venae cavae), die das Blut zur rechten Herzvorkammer bringen, einer vorderen (Vena cava cranialis) für das Blut aus dem Kopf-, Hals- und Vordergliedmaßen-

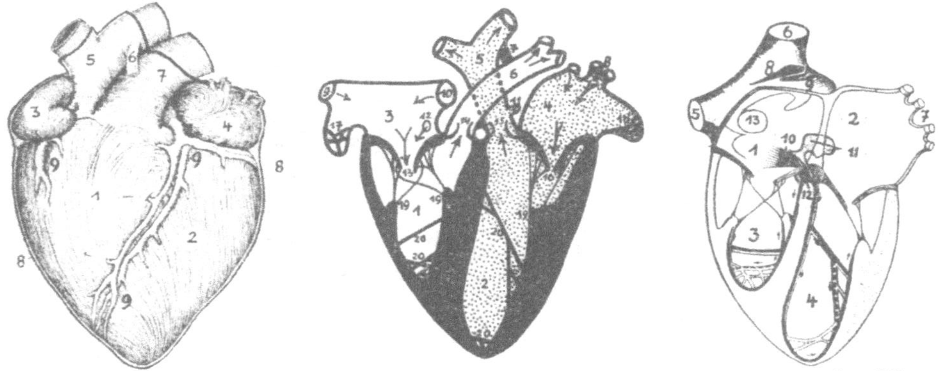

Abb. 42. Herzbau. Links: Pferdeherz (linke Seite) mit Herzbeutel und Oberflächenmuskulatur und -gefäßen. 1 u. 2=rechte und linke Herzkammer, 3 u. 4=rechte und linke Vorkammer, 5=Aorta, 6=Ligamentum arteriosum, 7=Arteria pulmonalis, 8=Herzbeutel, 9=Oberflächengefäße; Mitte: Herzinnenbau, schematisch. Arterielle (linke) Hälfte punktiert, weißer Punkt an der Mittelwandspitze=Ganglion artrioventriculare. 1 u. 2=rechte und linke Herzkammer, 3 u. 4 rechte und linke Vorkammer, 5=Aorta, 6=Arteria pulmonalis, 7=Ligamentum arteriorum, 8=Venae pulmonales, 9=Vena cava cranialis-Ansatz, 10=Vena cava caudalis-Ansatz, 11=Arteria coronaria, 12=Sinus coronarius, 13=Ostium venosum dextrum, 14=Ostium arteriosum dextrum, 15=Ostium arteriosum sinistrum, 16=Ostium venosum sinistrum, 17 u. 18=Auricula dextra et sinistra, 19=Musculi papillares, 20=Trabeculae; Rechts: Reizleitung im Herzen. Herz im Senkrechtschnitt, schematisch. 1 u. 2=rechte und linke Vorkammer, 3 u. 4=rechte und linke Herzkammer, 5=Vena cava caudalis, 6=Vena cava cranialis, 7=Venae pulmonales, 8=Sinusknoten, 9=Ganglion sinoatriale, 10=Atrioventricularknoten, 11=Ganglion atrioventriculare, 12=Stamm des HIS'schen Bündels, 13=Fossa ovalis. Nach Ellenberger-Baum 1943, verändert.

bereich und einer hinteren (Vena cava caudalis) für das Blut aus dem Rumpf-, Hintergliedmaßen- und Schwanzgebiet.

Die dem Bau nach völlig voneinander abgeteilten Herzhälften (auch deswegen als rechtes oder venöses und linkes oder arterielles Herz bezeichnet), sind arbeitsmäßig überkreuzt miteinander verbunden. Entspringt doch der Körperkreislauf mit der Aorta aus der linken Herzkammer, kehrt jedoch mit den beiden Hohlvenen in die rechte Vorkammer zurück, und geht der Lungenkreislauf mit der Pulmonalis von der rechten Herzkammer ab und kommt mit mehreren Lungenvenen in die linke Vorkammer zurück. Die Lungenarterie führt daher kein arterielles sondern venöses Blut, weil sie verbrauchtes Körperkreislaufblut vom Herzen fort zur Lunge weiterbefördert, und die Lungenvenen leiten kein venöses sondern in der Lunge arteriell aufgefrischtes zum Herzen, von wo es weiter in den Körperkreislauf gebracht wird. Ungeachtet dessen ist das ganze linke Herz arteriell, da es in seine Vorkammer arterielles Blut aus der Lunge aufnimmt und über seine Hauptkammer an den Körperkreislauf weitergibt, und das ganze rechte venös, weil seine Vorkammer venöses Blut aus den Körperhohlvenen empfängt und über seine Hauptkammer an die Lunge weitersendet.

Im Blutkreislaufsystem der Säugetiere gibt es außer den beiden Hauptkreisläufen, dem Körper- und dem Lungenkreislauf, noch zwei gesonderte Nebenkreisläufe, die mit Abschnitten der ersteren beiden zusammen Doppelkreisläufe ausmachen. Der eine wird von der Bronchenschlagader (Arteria bronchalis) gestellt, die sich wie die Lungenarterie (Arteria pulmonalis) mit den Bronchen in die Lunge hinein verzweigt. Während die Arteria pulmonalis venöses Blut als Arbeitsstoff zur Lunge bringt (funktionelles Gefäßsystem), führt die Arteria bronchalis arterielles Ernährungsblut herbei (nutritives Gefäßsystem). Bei den meisten Säugetieren münden beide Systeme im Haargefäßnetz der Lungenbläschen (alveoläres Kapillarennetz) und benutzen gemeinsam dessen Abfluß der arteriellen Lungenvenen (Venae pulmonales) zur linken Herzvorkammer. Doch gibt es auch Säugetierarten mit eigenen Bronchalis-Kapillarensystem und eigenen ableitenden Bronchenvenen (Venae bronchales) zur Unpaarvene (Vena azygos) und mit dieser zur vorderen Hohlader (Vena cava cranialis) und weiter zur rechten Herzvorkammer.

Der zweite Doppelkreislauf befindet sich im Bereich der hinteren Hohlvene (Vena cava caudalis), im Pfortadersystem. Das aus den Eingeweiden abfließende venöse Blut sammelt sich in einem Hauptstamm, der Pfortader (Vena portae), die auf der Eingeweideseite (Pforte), in die Leber eintritt und sich dort in Zweige und Haargefäße auflöst. Damit nimmt die Pfortader eine Sonderstellung unter den Venen ein, einmal weil sie sich nicht einem größeren herzwärts ziehenden Stamm anschließt, sondern sich wieder auflöst, zum anderen weil sie als Verbindungsgefäß zwischen Kapillarsystemen (der Eingeweide einerseits, der Leber andererseits) einen Zweitkreislauf im Eingeweidesystem eröffnet. Außer dem venösen Arbeitsblut erhält die Leber nämlich auch arterielles Ernährungsblut aus der Leberschlagader (Arteria hepatica). Beide Blutsorten münden in ein und demselben Kapillarnetz und benutzen auch einen gemeinsamen venösen Ableiter, die Lebervenen (Venae hepaticae), die auf der Zwerchfellseite der Leber in die Vena cava caudalis eintreten.

In der Entwicklung des Säugetierkeimlings verschwinden von den sechs Schlundbogengefäß- bzw. Arterienbogenpaaren der niederen Wirbeltiere das erste, zweite und fünfte bereits früh. Aus den Wurzeln des dritten entstehen die beiden gemeinsamen Kopfschlagadern (Ateriae carotis com munes). Aus den vierten Arterienbögen wird das Wurzelpaar der bleibenden Aorta (Arteria aortae). Dabei bleibt der linke Bogen als eigentlicher Aortenbogen (Arcus aortae), dem auch die linke Schlüsselbeinschlagader (Arteria subclavia sinistra) entspringt, bestehen und der rechte als rechte Schlüsselbeinschlagader (A. s. dextra). Vom sechsten Arterienbogenpaar wird der Stamm zum Stamm der Lungenarterie (Arteria pulmonalis). Während der rechte Bogen verkümmert, bleibt der linke als Ductus arteriosus s. Botalli, einem Verbindungsgang zwischen Lungenarterie und Aortenbogen, bis zur Geburt (bei den Walen bis zur Geschlechtsreife) bestehen.

Bemerkenswert ist ferner noch, daß der Venensack (Sinus venosus) als am Herzen gelegener Auffänger der primären Haupt- oder Kardinalvenen mit dem Einströmungsteil der rechten Vorkammer, dem Aortenkegel (Bulbus arteriosus) als Ansatzstück des primären Aortenstammes am Herzen, mit dem Ausströmungsteil der linken Hauptkammer völlig verschmilzt.

Weiterhin ist beachtenswert, daß die hintere Hohlvene (Vena cava posterior) aus vier verschiedenen Teilen zusammengesetzt wird. Ihr erster kopfwärtiger (cranialer) entsteht aus der Lebervene, ihr zweiter, schwanzwärts (caudal) sich anschließender neu aus Bindegewebe, ihr dritter, weiter caudal ansetzender, als Verbindungsstück zum hinteren Cardinalvenenpaar und ihr vierter aus dem Caudalende des letzteren. Das cranial vor diesem Endstück gelegene Cardinalvenenpaar dagegen verkümmert auf der einen (rechten oder linken) Seite und wächst sich auf der anderen zur Unpaarblutader (Vena azygos) aus.

Auch die Vena azygos stellt eine Sonderheit dar, weil sie im Venensystem unabhängig vom Hauptsammelstamm der hinteren Hohlvene ein eigenes Sammelrohr verkörpert, das vom Becken her an der oberen Brustwand entlang (Vena thoracica longitudinalis) nach vorn zieht und dabei Hüft-, Zwischenrippen-, Schlund- und Bronchenvenen aufnimmt, bevor es dicht am Herzen in die vordere Hohlader (Vena cava cranialis) mündet. Meist ist sie unpaar rechts oder links ausgebildet (s. oben), manchmal noch von ihrer paarigen Cardinalvenengrundlage her auch doppelt mit Querverbindung. Ist sie unpaar, dann hat meist der linke Strang den Vorrang und der rechte macht nur einen Nebenzweig. Bei Pferd und Mensch stellt jedoch umgekehrt der linke, dann Halbunpaarader (Vena hemiazygos) genannte, den Nebenzweig des rechten dar.

Im Leben eines Säugetieres lösen sich drei verschiedene Kreislaufformen ab. Beim sehr jungen Keimling spielen die Dottersackgefäße die Hauptrolle (embryonaler oder Dottersackkreislauf). Mit dem Heranwachsen des Embryos schwindet der Dottersack und der Mutterkuchen wird Hauptversorger. Die von und zu ihm gehenden Nabelstranggefäße der Nabelstrangvene und -arterie ersetzen die Dottersackgefäße (fetaler oder placentaler Kreislauf). Dabei führt nur die vom Mutterkuchen herkommende Nabelvene rein arterielles, die übrigen Hauptgefäße verschiedengradig arteriell-venös gemischtes Blut. Dazu trägt sowohl der von der Nabelvene zur hinteren Hohlvene gehende Brückengang des Ductus venosus als auch die durch das Rundloch (Foramen ovale) noch offene Herzvorkammerscheidewand sowie der von der Lungenarterie zum Aortenbogen gezogene Verbindungsgang des Ductus arteriosus s. Botalli bei. Vor der Geburt schließen sich die Zwischenverbindungen bereits weitgehend, bei der Geburt dann ganz (Ausnahme s. oben). Die Lunge übernimmt die Sauerstoffversorgung, der Mutterkuchen wird abgestoßen, der Kreislauf vollständig in einen Lungen- und einen Körper-

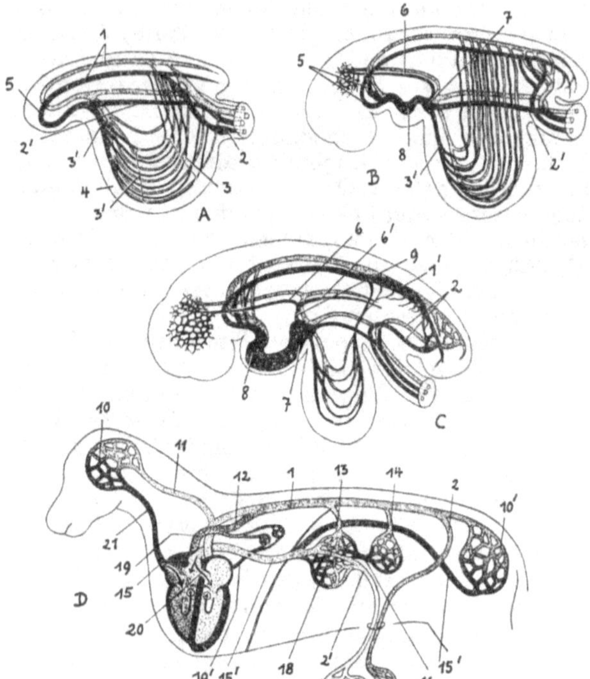

Abb. 43: Entwicklung des Fetalkreislaufs, schematisch. In A—C nur Dottersack- und Placentarkreislauf berücksichtigt. Oxydiertes Blut grau, reduziertes schwarz, bei D oxydiertes weiß, reduziertes schwarz und gemischtes grau. 1 u. 1′=Aorta dorsalis et Aortae dorsales conjunctae, 2 u. 2′=Arteria et Vena umbilicalis, 3 u. 3′=A. et V. omphalomesenterica(e), 4=Dottersack, 5=Aortenbogen, 6 u. 6′=V. cardinalis cranialis et caudalis, 7=Sinus venosus, 8=Herz, 9=Ductus Cuvieri, 10 u. 10′= Kapillarsystem des Vorder- und Hinterkörpers, 11=A. carotis communis, 12=Ductus arteriosus (Botalli), 13=A. coeliaca, 14=A. mesenterica, 15 u. 15′=V. cava cranialis et caudalis, 16=V. portae hepaticis, 17= Placentakapillaren, 18=Ductus venosus (Ariantii), 19 u. 19′=A. et V. pulmonalis, 20=Foramen ovale, 21=V. jugularis. A—C nach Montagna 1959, D nach Zietzschmann-Krölling 1955, verändert.

kreislauf geschieden (postfetaler oder -placentaler oder -nataler oder Doppelkreislauf).

Das vom häutigen Herzbeutel (Pericardium) umhüllte Herz hängt als stumpfkegeliges, hohles Muskelorgan im Brustraum unterhalb der Wirbelsäule an den großen Gefäßstämmen. Sein Gewicht im Verhältnis zu dem des Körpers zeigt die Stoffwechselstärke (Sauerstoffbedarf, Herzmuskelkraft, Durchblutungs-, Schlagvolumen-, Blutdruckgröße, Pulsschlagzahl) an. Haben doch kleine Säugetiere ein verhältnismäßig größeres Herz als gleichartige große, ebenso kleine Arten als ähnlich lebende verwandte große und Jungtiere als Erwachsene.

Das begründet sich in dem Körpermassen-Körperoberflächen-Verhältnis, das bei kleinen Tieren wegen verhältnismäßig größerer Wärmeabgabe ungünstiger ist und daher stärkeres Stoffwechselgeschehen und damit auch Herz erfordert. Das betrifft auch Art- und Gattungsvertreter aus kalten Klimagebieten gegenüber solchen aus warmen.

Die dreischichtige Herzwand enthält in ihrem äußeren Epicardium Fett, Nerven, Lymphbahnen und Blutgefäße (darunter die rechte und linke Kranzarterie, Arteria coronaria dextra et sinistra, als Hauptversorger), in ihrem mittleren Myocardium den Herzmuskel und die Reizsteuerungszentren und im inneren Endocardium eine epithelial-bindegewebige Auskleidehaut der Herzhohlräume. Die Vorkammer-, Herzkammer- und Gefäßansatzöffnungen (Ostia), die durch zwei bis drei, teils mehrzipfelige Klappenventile den Blutdurchgang abteilen, werden in Grenzhöhe zwischen Vor- und Herzkammer durch feste Bindegewebsringe (Annulli fibrosi) umschlossen. Die Ringe trennen die Muskulatur der Vor- von der der Herzkammern, bis auf ein feines durchgehendes atrioventriculäres Band, vollständig. Zwischen den Ringen sitzen fibröse Dreieckstücke (Trigona), die bei einer ganzen Reihe von Säugetierarten verknorpelt oder verknöchert sind (Herzskelett aus Herzknorpel oder -knochen, Herzkreuz). Die Herzkreuze des Hochwildes (Hirsch, Gemse, Steinbock) spielten einst im volksmedizinischen Aberglauben eine so bedeutende Rolle, daß sie den Alpensteinbock um ein Haar zur vollständigen Ausrottung gebracht hätten.

Die nervöse Steuerung des Herzens ist dreifach gegliedert in intramurale (d. h. in der Organwand liegende) Nervenknoten (Ganglien), in Ortho- und Parasympathicusfasern und in ein eigenes Reizbildungs- und -leitungssystem (Sinuatrioventricularsystem). Die ersteren bringen von außen her Erregungen an das Herz heran (extracardiales System). Das Sinuatrioventricularsystem aber erzeugt den Eigenrhythmus der Herzmuskelzusammenziehungen (Peristaltik) und leitet ihn im Herzmuskel weiter. Es besteht aus besonders gebauten Fasern des letzteren in Form zweier unverbundener Knoten, dem Sinus- oder Keith-Flackschen Knoten (Nodus sinuauricularis) und dem Atrioventricular- oder Tawaraschen Knoten (Nodus atrioventricularis). Der Sinusknoten sitzt in der rechten Vorkammer an der Einmündung der vorderen Hohlvene, der Atrioventricularknoten an der Grenze von Vorkammer- zu Herzmuskelscheidewand. Die Erregung zur Peristaltik wird im Sinusknoten gebildet, fließt zum Atrioventricularknoten und von dort durch das ebenfalls aus besonderen Muskelfasern gebildete Leitsystem des Hisschen Bündels weiter, dessen Ausläufer als Purkinjesche Fasern alle Herzkammermuskelteile erreichen.

Die Herzleistung ist groß. Bei einer Schlagzahl (je Minute) von 25 – 30 beim Kamel oder 600 bis 900 bei der Ohrenfledermaus bzw. einem Minutenvolumen (d. h. je Minute beförderter Blutmenge) von z. B. 15 l bei einem mittelgroßen Hund oder 29 l bei einem 500 kg schweren Pferd leistet z. B. das des letzteren bei Körperruhe in 24 Stunden rd. 96 000 bis 120 000 mkg.

Dem Blut, neben der Lymphe Hauptbetriebsstoff des Kreislaufsystems, fällt es zu, als Stoffvermittler zwischen Einzelzelle und Umwelt zu wirken. Zu diesem Behufe bringt es Nährstoffe aus dem Darm und andere lebenswichtige Stoffe aus Ablageorganen zu den Zellen, deren Stoffwechselschlacken zu den Ausscheidungsorganen (Niere, Haut, Lunge), mit dem Hämoglobin seiner roten Blutkörperchen den Sauerstoff in die Gewebe und die Kohlensäure von dort zur Lunge, die Hormone der endokrinen Drüsen zu den Erfolgsorganen, verteilt die beim Stoffwechsel erzeugte Wärme, gleicht den Wassergehalt, die Ionenkonzentration, den Osmose- und Blutdruck aus und vernichtet schädliche Fremdkörper und Mikroorganismen und Gifte. Alle diese im einzelnen hundertfachen Aufgaben erfüllt es ständig und gleichbleibend. Denn bereits sowohl kurze Zufuhrstörungen als auch geringfügige Änderungen der chemisch-physikalischen Beschaffenheit schädigen das Zellgewebe, wobei sich besonders das Gehirn als hochempfindlich erweist.

Der Aufgabenfülle gemäß sind auch die Bestandteile des Blutes, dessen Gesamtmenge zwischen 5—10% des Körpergewichtes liegt, sehr zahlreich (Nährstoffe, Stoffwechselschlacken, Wirk-, Abwehrstoffe, Gase). Sie befinden sich teils in der Blutflüssigkeit (Plasma), teils in den Blutzellen (rote und weiße Blutkörperchen oder Erythro- und Leukocyten, Blutplättchen oder Trombocyten und Blutstäubchen oder Hämatokonien). Davon sind wirkende oder Funktionsteile Wasser, Eiweiße (Kolloide), Salze (Elektrolyte) und Schwermetalle (Spurenelemente), beförderte oder Transportanteile Kohlehydrate, Fette, Stickstoff-, Phosphor-, Schwefelverbindungen, Vitamine, Gase und in gewissem Sinne auch Wärme. Im Plasma lagern auch die Gerinnungsstoffe der Eiweißkörper Fibrinogen und das Ferment Thrombin. Letzteres wandelt beim Blutaustritt aus dem Gefäß ersteres in Fibrin, das wiederum mit Hilfe der Blutplättchen die Blutzellen zu einem Blutkuchen verklebt, der die Austrittsstelle verstopft (Gerinnung). Plasma ohne Gerinnungsstoffe und Festanteile heißt Serum.

Außer dem Wasser sind Eiweißstoffe die Hauptbestandteile des P l a s m a s (4—9%), wobei das Fibrinogen nur einen winzigen Bruchteil einnimmt und die Hauptmasse von den Albuminen und Globulinen gestellt wird. Die Eiweiße lassen sich in Hauptgruppen (Fraktionen), Untergruppen und Komponenten unterteilen. Sie entwickeln sich beim Keimling erst allmählich, wobei ihre Zahl größer, der Aufbau verwickelter und immer art-, individual- und organspezifischer wird. Ebenso war es in der Stammesgeschichte, so daß höher entwickelte Arten einen komplizierteren Eiweißaufbau vorweisen als primitivere (onto- und phylogenetischer Komplexitätsgradient). Das kommt beim phylogenetischen Vergleich im Zahlenanstieg des serochemischen Quotienten zum Ausdruck, der besagt, daß beim serologischen Eiweißausfällen (Präcipitinreaktion) die Niederschlagsmenge (Präcipitat) größer ist als bei einer rein chemischen. In der Affenreihe z. B. beträgt er beim Makaken 19,6, Pavian 22,2, Orang-Utan 44,5, Schimpansen 65,7 und Menschen 94,3.

Während die A l b u m i n e vor allem als Transportform vom Bildungs- zum Verwendungsort neben den Aminosäuren der Herstellung organeigener Eiweiße dienen, arbeiten die G l o b u l i n e neben den Leukocyten vornehmlich in der Abwehr als Abwehrstoffe (Antikörper oder Immunglobuline). Sie bauen gegen Bakteriengifte und Fremdeiweiße Immun- oder Antikörper (Präcipitine, Agglutinine und Lysine) im Plasma bzw. Serum auf, die sich mit Glycoproteiden vornehmlich der Erythrocyten, den Antigenen oder Agglutinogenen nicht vertragen und die roten Blutkörperchen zusammenballen (agglutinieren). Die Reaktion auf Fremdeiweiße ist im allgemeinen so scharf, daß damit sowohl die Artzugehörigkeit von Eiweißen festgestellt, als auch der Verwandtschaftsgrad von Arten überprüft werden kann. Ersteres verwendet man z. B. in der Gerichtsmedizin, um die Herkunft von Blut-, Milchflecken, Fleischteilen u. ä. zu bestimmen, letzteres, um Stammesgeschichtsforschungen zu untermauern. Ist doch z. B. dadurch die paläontologisch erarbeitete Ansicht bestätigt worden, daß die Hasentiere eine seit dem Eozän selbständige Ordnung der Lagomorpha unabhängig von der der Nagetiere oder Rodentia darstellen, die Nagegebißähnlichkeit nur äußerlich (analog) ist.

Die antigenen, mit den Serumantikörpern reagierenden Eigenschaften, die vorwiegend (oft zu Dutzenden) in der Erythrocytenmembran sitzen, machen die sog. Blutgruppe oder den Blutfaktor aus, der nach den Mendelschen Regeln vererbt wird und durch äußere Einflüsse nicht veränderbar ist. Es hat sich herausgestellt, daß nicht nur der Mensch über zwanzig verschiedene Antigene bzw. Antigengruppen (Blutgruppensysteme) besitzt, sondern auch alle bisher untersuchten Säugetierarten von den Menschenaffen bis zu den Walen und Mäusen meist mehrere bis viele davon aufweisen. Wegen ihrer serologisch-chemischen Reaktions-, ihrer Vererbungsweise, ihrer Häufigkeitsverteilung in den Populationen usw. sind sie wichtige Hilfsmittel in der Tierzucht, Tiermedizin, Tiergeographie, Phylogenie etc. und bezüglich des Menschen in der Medizin (z. B. Bluttransfusion) und Anthropologie (z. B. Vaterschaftsnachweis).

Den größten Anteil an den Blutzellen stellen die Erythrocyten mit 5 – 20 Millionen je mm^3 (reichen doch die aneinandergereihten eines Menschen 2½mal um die Erde). Dagegen wirkt die Trombocyten- und Leukocytenzahl (150 000 – 600 000 bzw. 500 – 20 000) gering.

Die kernlosen, scheibenförmigen, in der Mitte napfig eingedellten, von einer feinen Haut umschlossenen, im Innern ein halbflüssiges Plasma enthaltenden Erythrocyten haben eine rundliche, nur bei den

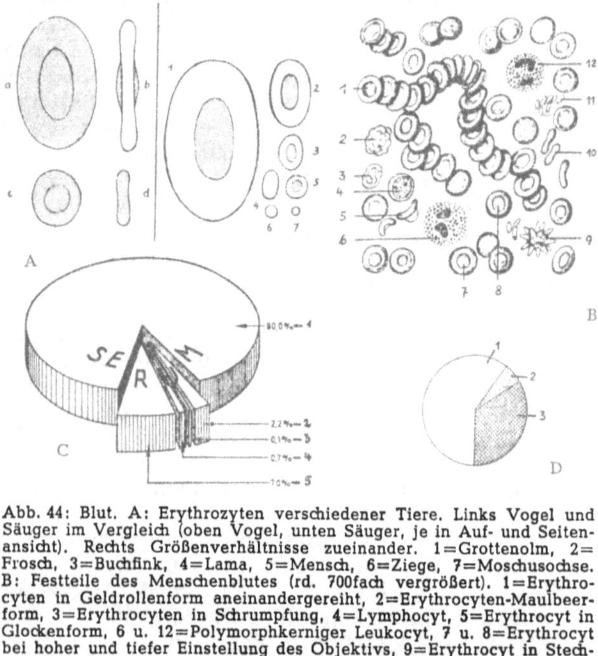

Abb. 44: Blut. A: Erythrozyten verschiedener Tiere. Links Vogel und Säuger im Vergleich (oben Vogel, unten Säuger, je in Auf- und Seitenansicht). Rechts Größenverhältnisse zueinander. 1=Grottenolm, 2=Frosch, 3=Buchfink, 4=Lama, 5=Mensch, 6=Ziege, 7=Moschusochse. B: Festteile des Menschenblutes (rd. 700fach vergrößert). 1=Erythrocyten in Geldrollenform aneinandergereiht, 2=Erythrocyten-Maulbeerform, 3=Erythrocyten in Schrumpfung, 4=Lymphocyt, 5=Erythrocyt in Glockenform, 6 u. 12=Polymorphkerniger Leukocyt, 7 u. 8=Erythrocyt bei hoher und tiefer Einstellung des Objektivs, 9=Erythrocyt in Stechapfelform, 10=Erythrocyt in Seitenansicht, 11=Thrombocyt. C: Zusammensetzung des menschlichen Blutserums in Prozenten. 1=Wasser, 2=Organika (Aminosäuren, Harnstoff, Keratinin u. a.), Anorganika (Natrium, Kalium, Calcium, Magnesium, Phosphor, Eisen, Kupfer, Mangan u. a.), Hormone, Fermente, Antikörper, Farbstoffe, 3=Kohlehydrate, 4=Fette (Cholesterin, Lecithin, Neutralfett), 5=Eiweiße. D: Hauptanteile eines Erythrocyten, schematisch. 1=Wasser, 2=Lipoide, Proteine und Salze, 3=Hämoglobin. A u. B nach Krölling & Grau 1960, C u. D nach Kolb 1962, verändert.

Cameliden ovale Form. Sie dienen mit ihrem Blutfarbstoff Hämoglobin — einem aus einem Eiweiß (Globin) und einem Farbstoff (Häm) aufgebauten Farbeiweißkörper (Chromoproteid) — dem Sauerstofftransport, helfen mit bei der Beförderung der Kohlensäure und beim Regeln des pH-Wertes (Pufferung). Ihr Breitendurchmesser schwankt bei den Säugetieren zwischen 2,5 und 10,5 μ, damit auch ihr Volumen zwischen 25 und 100 μ^3 und ihre für den Gasaustausch so wichtige Oberflächengröße. Das Volumen bestimmt wiederum die Zahl je Raumeinheit, die nicht nur artlich verschieden ist, sondern auch nach Geschlecht (Männchen 10 – 15 % mehr als Weibchen), Alter, Ernährungs-, Übungszustand und Konstitution des Körpers sowie nach Außentemperatur und Höhenlage schwankt.

Die im Knochenmark erzeugten und hauptsächlich in der Milz wieder abgebauten Erythrocyten (z. B. Normalproduktion bei einem 600 kg schweren Pferd rd. 40 Millionen je Sekunde) leben je nach Säugetierart einige Wochen bis mehrere Monate und legen dabei in einem größeren Körper gute 1000 km und mehr zurück.

Die im reticuloendothelen System (Knochenmark, Lymphgewebe, Milz) aufgebauten und dort in der Leber wieder vernichteten, nur wenige Tage lebenden, farb- und membranlosen und daher veränderlichen, zwischen Blut und Gewebe hin- und herwandernden L e u k o c y t e n dienen der Abwehr und dem Fremdkörperabtransport. Nach Bau und Herkunft sind bei ihnen die drei Hauptgruppen der Granulo-, Lympho- und Monocyten und von den im Knochenmark gebildeten Granulocyten wiederum die drei Untergruppen der Neutro-, Eosino- und Basophilen zu unterscheiden. Als sehr bewegliche und häufigste Blutbahnleukocyten wandern die 10 bis 15 μ großen Neutrophilen oft als Vernichter (Phagocyten) kleinerer Fremdkörper (Mikrophagen) zu Entzündungsherden ins Gewebe, wo sie verfettend absterben und so zu Eiter werden. Die 14 – 20 μ großen Eosino-, Azido- oder Oxyphilen in Blut und Gewebe vermehren sich besonders bei Allergien und Schmarotzerbefall. Die 10 – 18 μ großen Basophilen bilden und befördern hauptsächlich das Antithrombin Heparin. In Thymus, Lymphknoten und lymphoidem Gewebe werden die 6 – 10 μ oder 10 – 18 μ großen Lymphocyten geschaffen, die bei Immunisierungen mitwirken, während die im reticuloendothelen System erzeugten, besonders großen (14 bis 22 μ) Monocyten als Makrophagen hauptsächlich größere Fremdkörper vernichten. Bei den Weibchen vieler Säugetiere und des Menschen tragen die Neutrophilenkerne als Geschlechtsmerkmal 1 – 2,5 μ lange, trommelschlegelartige Chromatinauswüchse.

Die Leukocytenzahl wechselt nicht nur zwischen und in den einzelnen Organbereichen und infolge physiologischer Vorgänge oder krankhafter Störungen, sondern schwankt auch mit Alter und Konstitution. Abgesehen davon ist sie und in ihr das Anteilverhältnis der einzelnen Typen artlich verschieden (z. B. Übergewicht der Lymphocyten bei den Wiederkäuern, der Granulocyten bei den Einhufern und Raubtieren).

Die nur 0,5 – 4 μ großen, rundlichen, ovalen oder spindelförmigen T r o m b o c y t e n werden im Knochenmark gebildet, leben 2 – 10 Tage im Blut, um dann vor allem in der Milz wieder abgebaut zu werden. Sie zerfallen und verklumpen (agglutinieren) beim Berühren von Fremdkörpern, so daß sie bereits kleinste Haargefäßverletzungen ohne eigentliche Blutgerinnung abdichten. Letztere tritt dann ein, wenn das Blut benetzbare Flächen berührt, also aus den mit unbenetzbaren Innenwänden versehenen Gefäßen austritt. Die zerfallenden Trombocyten geben Gerinnungsstoffe frei, wobei überhaupt verschiedene Vorgänge mit mindestens zwölf Stoffen in verwickelter Weise ineinandergreifen. Von diesen Stoffen sind das Fibrinogen als ein Blutplasmaglobulin, das Thrombogen (Prothrombin) als ein Blutplasmaglykoproteid und die Thrombokinase (Thromboplastin) als ein Gerinnungsferment in Blutplättchen und -plasma die bekanntesten. Auch der Gehalt dieser Stoffe wechselt artlich (Fibrinogengehalt z. B. von 0,25 – 0,75 g %).

Die Hämatokonien sind kleinste Körnchen, teils als freigewordene Leukocytengranula, teils als Eiweiß- oder Fetteilchen, die im Blutplasma flottieren.

Lymphapparat

Der Lymphapparat oder das lymphatische System oder das Lymphsystem besteht einmal aus lymphe- und lymphocytenbildenden Organen, zum anderen aus dem Lymphgefäßsystem (s. S. 97). Der Lymphapparat stellt eine Abwehr- und Reinigungsvorrichtung dar, mit der sowohl kleine Fremdkörper unschädlich abgelagert als auch Krankheitskeime und Zellreste durch Freßzellen (phagocytär) vernichtet, Schutzstoffe gegen Krankheiten (Immunglobuline) und Gifte gebildet, fermentartig wirkende Stoffe für den Stoffwechsel abgesondert und befördert und Nährstoffe (vor allem Fette) und Vitamin C gespeichert werden.

Der Lymphapparat ist eine über den ganzen Körper verteilte tätige Einheit, deren Lymphbildungsorgane aus einer ganzen Reihe von Einrichtungen bestehen: Es sind dies das Lymphzellennetz, die lymphocytären Gewebsinseln, Einzel- und Haufenlymphknötchen, Lymphkrater, lymphatische Darmkrypten, Mandeln, Bries, Milz, Blutlymphknoten, Lymphknoten und Knochenmark. Letzteres spielt als Lymphocytenerzeuger nur eine untergeordnete Rolle, da es nachgeburtlich Hauptthersteller der roten Blutkörperchen ist.

Das laufend Lymphocyten produzierende Lymphzellennetz oder lymphoreticuläre Gewebe verteilt sich als feinfaseriges Netz mit eingehängten oder freien Zellen fast über den ganzen Körper, besonders über innere Oberflächen. An bestimmten Stellen, vor allem im Gekröse (Mesenterium) und Bauchfellsacknetz (Omentum) kann es sich zu lymphocytären Gewebsinseln verdichten.

Die Einzellymphknötchen (Lymphonoduli solitarii) sitzen als Lymphocytenerzeuger an Drüsenöffnungen, Schleimhäuten und ähnlichen ge-

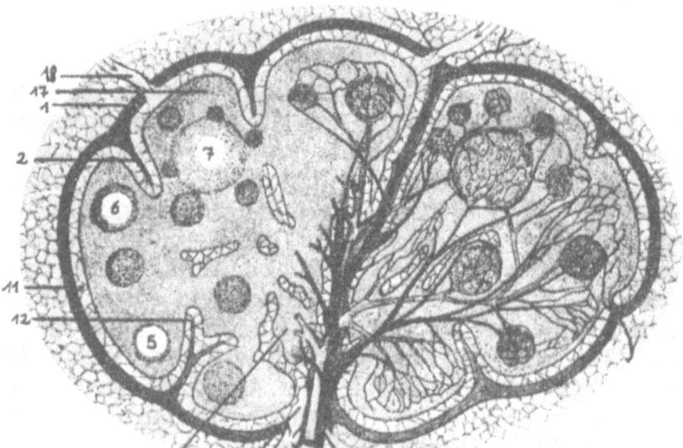

Abb. 45: Lymphknoten, schematisch. Linke Hälfte ohne, rechte Hälfte mit Blutgefäßen. 1=Kapsel, 2=Balken, 3=Rindengewebe, 4=Markgewebe, 5, 6 u. 7=Primär-, Sekundär- und Tertiärknötchen, 8=Vene, 9=Arterie, 10=Blutgefäße, 11, 12 u. 13=Rand-(Marginal-), Intermediär- und Terminalsinus, 14=Fettgewebe, 15=Hilus, 16=Markstrang, 17=Parenchymlobus, 18 u. 19=Vas afferens und efferens. Nach Fischer 1937 in Grau & Boesneck 1960, verändert.

fährdeten Stellen. Sie schließen sich unter der Magen- und Darmhautoberfläche zu Haufenlymphknötchen (Lymphonoduli aggregati) zusammen, die als Peyersche Platten bei Paarhufern mehrere Meter lang werden können oder sich als kleine Platten in der Magenschleimhaut des Schweines grubig zu Lymphkratern einbuchten oder bei anderen Arten in die Dickdarmschleimhaut eingesenkte Lieberkühnsche Drüsen zu lymphatischen Darmcrypten umscharen. Letztere ähneln wiederum den Schleimhautbälgen (Folliculi tonsillares), bei denen sich Lymphknoten um eine flachere oder tiefere Schleimhautgrube (Fossula bzw. Fossa tonsillaris) sammeln. Mehrere dicht beieinander gruppierte Fossae heißen Grubenbalgmandel, die eine Übergangsform zu den echten Mandeln (Tonsillae) als lymphoepithelialen Organen darstellen. Die Mandeln sind weniger Abfänger von Krankheitskeimen als vielmehr Gewöhner an solche und damit Verstärker der Abwehrkräfte dagegen. Sie sitzen im Schlundgebiet je nach Art an bestimmten Plätzen in verschiedener Form als Gaumen-, Rachen-, Tuben-, Choanen-, Zungen- oder Kehlkopfmandeln.

Die stecknadelkopf- bis walnußgroßen Blutlymphknoten (lymphoide oder splenoide Hämalknoten) treten nur bei Wiederkäuern auf und sitzen als blutgefäßangeschlossene Lymphocytenerzeuger zahlreich in der Brust- und Bauchhöhle. Ihrem Bau nach stehen sie der Milz am nächsten, die als Abwehr- und Regelungsorgan das umfangreichste Glied des Lymphapparates verkörpert.

Die Milz (Splen, Lien) erzeugt mit ihrem weißen Füllgewebe (Pulpa) Lymphocyten, sortiert in ihrer roten Pulpa schlechte weiße und rote Blutkörperchen aus, zerstört sie wie auch Krankheitskeime, entschärft Gifte, speichert Blut oder leitet es bei Bedarf an die Blutbahn zurück (Druckausgleicher) und gibt bei Störungen hormonal und autonom nervös regelnde Stoffe in den Kreislauf. Nicht nur ihre äußere Form und Größe wechselt innerhalb der Säugetiere sehr, sondern auch ihre innere Gliederung besonders nach Gefäßverlauf (Sammel- und Streuungsform) und

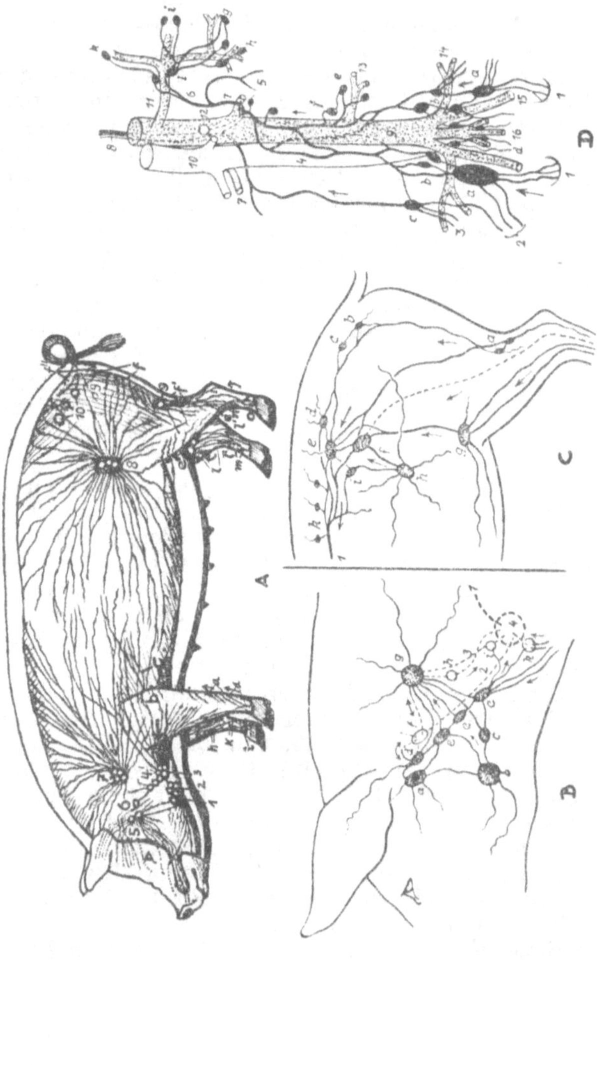

Abb. 46: Lymphknoten- und Gefäßverteilung am Beispiel des Schweines, schematisch. A: Lymphsystem der Haut. 1=Lymphonodi mandibulares, 2=Lnn. mand. accessorii, 3 u. 4=Lnn. cervicales superficiales ventrales, 5=Lnn parotidici, 6=Lnn. retropharyngici laterales, 7=Lnn cervicales superficiales dorsales, 8=Lnn. subilici, 9=Lnn. poplitei 10=Lnn. sacrales externi, a=Lymphgefäße an Carpus- u. Unterarmhinterseite, b, c u. h=Lg zu den Lnn. cervicales superficiales, ventrales, d, e, e', f, f' f''=Lg. zu den Lnn. inguinales superficiales, g=Lg. um Caudalrand des Musc semitendineus, i=Lg. der Volarseite, k=Lg. von lateral (a) nach medial, teils zu Lnn. cervic. superf. ventr, teils zu Lnn. cervic. prof. u. caudales, l u. l'=Lg. von medial nach lateral, zu Lnn. poplitei, o=Lg. von plantar nach lateral. B: Lymphknoten im Halsbereich, tiefliegende nur im Umriß, tiefliegende Lymphgefäße in Strichlinie, a=Lymphonodus parotidicus, b=Ln. mandibularis, c=Ln. mand. accessorius, d=Ln. retropharyngicus lat. e=Lnn cervicales superficiales ventrales. f=Ln. retronh med, a=Ln cerv superf dors., h=Ln. cerv superf med, i=Ln. cerv prof caud. k=Ln axillaris primae costae, 1=Ductus thoracicus, 2=D. trachealis, 3=Abführkanäle des Ln. cerv superf dors, 4=Teilungsstelle der Vena cava cranialis. C Lymphknoten im Hinterschenkel und Bauchrumpf a=Lnn. poplitei, b=Ln. glutaeus, c=Lnn. sacrales externi, d=Lnn sacr hypogastrici, e u. f=Lnn. ilici med., g=Lnn. inguinales superf. h=Lnn. subilici, i=Lnn. ilici lat, k=Lnn lumbales aortici, l=Truncus lumbalis. D Lymphknoten der Bauch- und Beckenhöhle in Ventralansicht a, b=Lnn. ilici med., c=Lnn il lat, d=Lnn sacrales hypogastrici, e=Lnn. mesenterici caud., f=Lnn. portarum, i=Lnn. gastrici, k=Lnn. lienales, l=Lnn. coeliaci; 1=Lymphgefäße aus dem Leistenkanal, 2=Lg. aus dem Schenkelkanal, 3=Lg. von den Lnn subilici, 4=Trunci lumbales, 5=Truncus intestinalis (vereinigt Tr. jejunalis u. colicus), 6=Tr. coeliacus, 7=Tr. visceralis, 8=Cisterna chyli, 9=Aorta, 10=Vena cava caudalis, 11=Arteria coeliaca, 12=Wurzelquerschnitt von A. mesenterica cran., 13=A. mesent. caud., 14=A. circumflexa ilium prof., 15=A. iliaca ext., 16=A. sacralis med. A nach Baum & Grau 1938 in Grau & Boessneck 1960. B—D nach Zietzschmann (in Schönberg & Zietzschmann) 1951 in Grau & Boessneck 1960, verändert.

←

Pulpabau. Überwiegen der weißen Pulpa befähigt die Milz gut zur Abwehr (onto- und phylogenetisch älterer Typ der Abwehr- und Stoffwechselmilz), Überwiegen der roten zum Blutspeichern und schnellen Wiederabgeben (Speichermilz).

Ein zweites großes Lymphorgan ist das Bries oder der Thymus (Glandula thymus), der zwar als Drüse angesehen aber weder echt drüsig gebaut noch irgendwie sicher nachweisbar inkretorisch tätig ist. Er liegt entweder nur im Hals an der Unterseite (cervicaler Typ) oder nur im vorderen Brustraum (cervicothoracaler Typ). Er ist nur in der Jugend stark ausgebildet und beginnt (außer bei Robben und Walen) mit der Geschlechtsreife zu verkümmern. Er scheint die Knochen- und Keimdrüsenentwicklung zu fördern und mit der Schilddrüse im Gegenspiel zu stehen. Außer Lymphocyten stellt er auch Immunglobuline her.

Während außer den blutgefäßangeschlossenen Blutlymphknoten alle bisher angeführten lymphocytenerzeugenden Organe dem Lymphgefäßsystem vorgeschaltet sind, sitzen die echten Lymphknoten oder Lymphonodi in die Lymphgefäße eingeschaltet, um dort als Filter und Lymphocytenhersteller und -vernichter zu wirken. Ähnlich den Blutlymphknoten ähneln sie im Bau noch ehestens der Milz und finden sich zu Hunderten verteilt im ganzen Säugetierkörper. Sie wechseln sowohl der Zahl nach individuell und von Art zu Art als auch der Form und Größe nach zwischen rundlich bis bändrig und Untersichtigkleinheit bis Übermeterlänge beim selben Tier. Sie sind, ob einzeln stehend oder gruppiert oder verschmolzen, so verteilt, daß aus jedem kleinen bis großen Organbetrieb die Lymphe einem oder einer Gruppe als Lymphocentrum zufließt, bevor sie ins Venensystem eintritt.

Endokrines System

Gleich dem Nerven- und Kreislaufsystem erfaßt auch das Endokrine System den ganzen Säugetierkörper. Zu ihm gehören die Organe mit innerer Sekretion (Inkretionsorgane, Organa endocrinenta), die zwar nach Herkunft, Bau und Lage sehr verschieden aber ihrer Tätigkeit nach insofern einheitlich sind, als ihre Erzeugnisse (Inkrete) nicht wie bei anderen Drüsen (exkretorische Drüsen, Exkretionsorgane) die Sekrete nach außen auf die Haut oder Körperhöhlenoberflächen oder -kanäle sondern unmittelbar ins Blut bzw. die Körpersäfte gegeben werden. Damit nicht gemeint sind die allgemein inkretorischen Tätigkeiten der Körperorgane, die ja laufend Stoffwechselabfälle (z. B. Vorstufen von Harn, Schweiß und Galle), Wirkstoffe (z. B. Glykogen) und Blutanteile (aus den blutbildenden Organen) ins Blut schicken. Denn die inkretorischen Organe im eigentlichen Sinne erzeugen besondere Anregungs-, Wirkstoffe oder Hormone, die als flüssige Lebensregler über den Blutweg in anderen Organen in ganz bestimmten, untereinander ausgewogenen Weisen (hormonales Gleichgewicht) fördernd oder hemmend auf Wachstum, Sekretion, Geschlechtstätigkeit u. ä. einwirken und deren Mangel oder Fehlen schwere Störungen und Ausfälle (siehe Schilddrüse) hervorruft.

Zu diesen so begriffenen inkretorischen Organen gehören Zirbel, Hirnanhang, Schilddrüse, Nebenschilddrüsen, Nebennieren und Beinebennieren als reine Hormonerzeuger sowie Teile oder Zellgruppen von sonst sekretorischen Organen wie die Langerhansschen Inseln der Bauchspeisedrüse oder Reifefollikel und Gelbkörper der Eierstöcke und Leydigsche Zwischenzellen der Hoden. Auch der Mutterkuchen, die Schleimhaut des Magendarmkanals sowie Teile der Leber, Niere und Speicheldrüsen arbeiten inkretorisch-hormonal. Ob der Bries oder Thymus zu den Inkretorganen gehört, ist noch nicht geklärt (s. S. 117).

Die Zirbel (Epiphysis cerebri, Glandula pinealis) ist eine nur wenige Millimeter große, manchmal pinienzapfenförmige, kompakte Dachausstülpung des III. Gehirnventrikels im Zwischenhirn, die Walen, Nebengelenkern (Xenarthra) und Zahnarmen (Edentata) fehlen und bei Elefanten, Schliefern, Nashörnern und Kerbtierfressern besonders klein, bei Robben sehr groß sein soll. Ihre bindegewebige Hülle umschließt ein Stütz- und Drüsenzellen sowie Blutgefäße und Nervenfasern enthaltendes Parenchym. Mit der Geschlechtsreife des Trägers bilden sich in den Stütz-(Glia-)zellen Kalkkörnchen (Hirnsand, Averculus cerebri) unbekannter Bedeutung. Die Zirbel der Säugetiere löst nachgeburtlich ihren unmittelbaren Nervenzusammenhang mit dem Gehirn und versieht sich stattdessen mit Fasern des autonomen

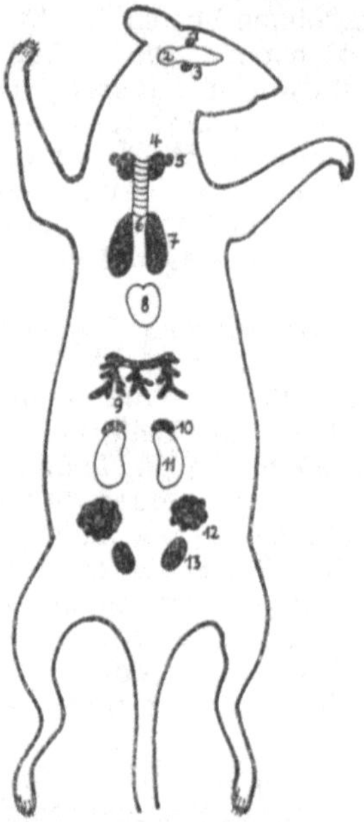

Abb. 47. Schema des Körpers einer Ratte mit Lage der endokrinen Drüsen. 1=Epiphyse, 2=Gehirn, 3=Hypophyse, 4=Thyreoidea, 5=Parathyreoidea, 6=Trachea, 7=Thymus, 8=Herz, 9=Pankreas, 10=Glandula suprarenalis, 11=Niere, 12=Ovarium, 13=Testis. Nach Kämpfe-Kittel-Klapperstück 1966, verändert.

Nervensystems. Über letztere steht sie mit den Augen in Verbindung, die ihr ihre Belichtungswerte (Hell-Dunkel-Periodik bzw. Tag-Nacht-Rhythmus) mitteilen. Mittels des Zirbelhormons Melatonin wirkt sich der Lichtkreis insofern neurokrin aus, als dieses die Keimdrüsentätigkeit hemmt. Da die Melatoninbildung selbst durch Netzhautbelichtung unterbunden wird, ist die Zirbel eine vom Licht über das Auge (nur über dieses, nicht über Körperhautbelichtung) gesteuerte Hormondrüse, die sowohl ontogenetisch eine vorzeitige Keimdrüsentätigkeit verhindert („Keuschheitsdrüse"), als auch als innere Uhr oder biologischer Regler die Innersekretorik des Körpers den täglichen und jahreszeitlichen Lichtmengenschwankungen anpaßt. Dadurch wird auch das Längenwachstum des Säugetierkörpers von ihr mit beeinflußt.

Der meist länglich-runde, bei Kleinsäugern nur stecknadelkopf-, bei Großsäugern bohnengroße Hirnanhang (Hypophysis cerebri, Glandula pituitaria) am Zwischenhirnboden besteht aus zwei Hauptteilen verschiedenen Ursprungs, dem Vorder-, Ventral-, Hauptlappen oder Drüsenteil (Adenohypophysis, Pars distalis) mit einem blutgefäßreichen Drüsengewebe und dem Hinter-, Dorsallappen oder Nerventeil (Neurohypophysis, Pars nervosa) aus Neuroglia und marklosen Nervenfasern. Dabei bildet der hintere Teil des Vorderlappens als Zwischenlappen (Pars intermedia) ein Übergangsgebiet zum Hinterlappen, indem er als ein aus besonderen Gefäßen und Empfängerzellen (Chemoreceptoren) aufgebauter Regulationsapparat die Vorderlappen-

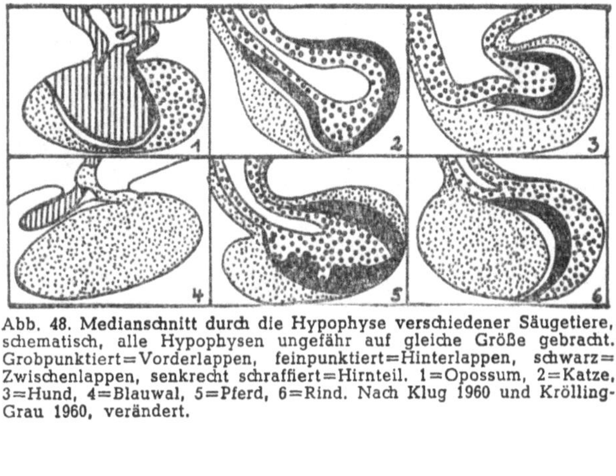

Abb. 48. Medianschnitt durch die Hypophyse verschiedener Säugetiere, schematisch, alle Hypophysen ungefähr auf gleiche Größe gebracht. Grobpunktiert=Vorderlappen, feinpunktiert=Hinterlappen, schwarz=Zwischenlappen, senkrecht schraffiert=Hirnteil. 1=Opossum, 2=Katze, 3=Hund, 4=Blauwal, 5=Pferd, 6=Rind. Nach Klug 1960 und Krölling-Grau 1960, verändert.

sekrete dem Hinterlappen vermittelt und so Hormongaben in Nerventätigkeit umwandelt. Der Hirnanhang steht einerseits über den Hypothalamus in enger Wechselbeziehung mit dem Gehirn und steuert andererseits die Tätigkeit anderer Hormondrüsen vor allem der Schilddrüse, Keimdrüsen und Nebennieren. Damit und außerdem beeinflußt er Wachstum, Geschlechtsreife, Fortpflanzungsphysiologie und -periodik, Milchgebung, Pigmentbildung, Gefäßmuskulatur, Kohlehydrat-, Fett-, Mineralstoffwechsel, Wasserhaushalt u. a. Von seinen als Polypeptide bzw. Proteine aus Aminosäuren aufgebauten neun Haupthormonen entstehen sechs im Vorder-, eins im Zwischen- und zwei im Hinterlappen, wobei von den Vorder- zu den Hinterlappenhormonen Molekülgröße und Aminosäurenzahl abnehmen.

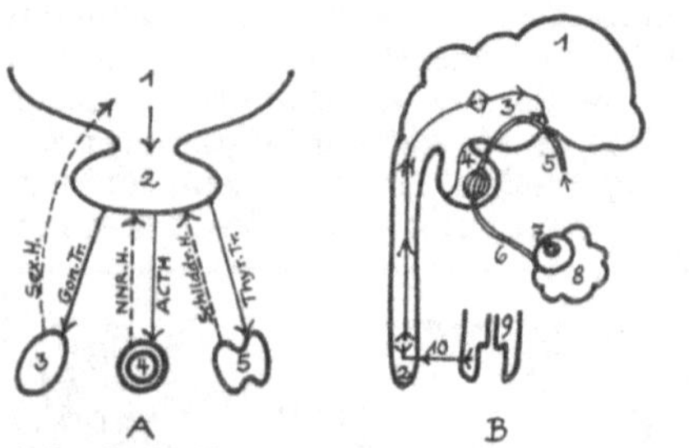

Abb. 49. Hypophysen-Drüsen-Wechselwirkung. A: schematische Darstellung der Wechselwirkung zwischen dem Hypophysen-Zwischenhirn-System und den zugeordneten peripheren Drüsen; 1=Zwischenhirn, 2=Hypophysenvorderlappen, 3=Keimdrüse, 4=Nebennierenrinde, 5=Schilddrüse; ausgezogene Striche=fördernd, unterbrochene Striche=hemmend. B: Die copulativ-spontane Ovulation des Kaninchens als neuro-endokriner Reflexbogen. 1=Gehirn, 2=Rückenmark, 3=Hypothalamus, 4=Hypophysenvorderlappen, 5=Hypophysenpfortengefäß, 6=Systemkreislauf, 7=Sprungreifer Follikel, 8=Eierstock, 9=Vagina, 10 u. 11=Afferente Nervenbahnen. Nach Gorbmann & Bern 1962, verändert.

Die Schilddrüse (Glandula thyreoidea) besteht aus lappig angeordneten, mit einschichtigem Epithel ausgekleideten Bläschen (Follikeln). Die Größe der Schilddrüse wechselt sowohl artlich (z. B. zwischen 0,001 g je 100 g Körpergewicht bei der Bisamratte und 0,09 beim Biber) als auch nach Alter, Geschlecht und

Klima (Zunahme vom Jugend- zum Mittel-, Abnahme zum Greisenalter; Kälte erhöht ihre Tätigkeit und vergrößert sie). Ihr Gewicht liegt zwischen rd. 0,025 g bei der Maus und rd. 500 g beim Elefanten. Sie sitzt beim Schnabeligel als unpaares Gebilde im vorderen Brustraum, sonst paarig in Form von zwei Lappen (Lobi), die durch eine schmale bis breite (bei einer Reihe von Säugetieren auch fehlenden) Brücke (Isthmus) verbunden sind, beiderseits des Kehlkopfes und der Luftröhre. Die Schilddrüse oxydiert dem Blut entnommenes anorganisches Jodid zu Jod, um damit die Aminosäure Tyrosin zu jodieren und die Hormone Thyroxin und das noch stärker wirkende Trijodthyroxin aufzubauen. Die Hormone werden in den Hohlräumen der aus ihrem Epithel Kolloid zusetzenden Follikel als Thyreoglobulin gespeichert und nach Bedarf in die Blutbahn abgegeben. Sie beeinflussen Entwicklung, Wachstum (darunter auch Haar-, Huf-, Nägel-, Krallen-, Gehörn- und Geweihwachstum), Stoffwechselgrundumsatz, Nerventätigkeit, Fortpflanzung und Milchbildung. Die Schilddrüse ist eng mit dem vegetativen Nervensystem und der Hypophyse verbunden, deren Vorderlappenhormon Thyreotropin ihre Tätigkeit steuert. Werden zu wenig Hormone erzeugt (Hypothyreose), sinkt der Grundumsatz und mit ihm Wachstum, Aufmerksamkeit, geistige, körperliche und geschlechtliche Tätigkeit, wenn stark bis zur Schleimgeschwulst (Myxödem) im Hautbindegewebe oder gar bis zur Verblödung (Kretinismus). Bei Übererzeugung (Hyperthyreose) übersteigern sich Grundumsatz, Herz- und Nerventätigkeit (Basedowsche Krankheit des Menschen). Bei plötzlicher starker Hormonausschüttung (Schreck, Schock) kommt es zur Vergiftung (Thyreotoxikose), die Abmagerungs- oder Spontantod herbeiführen kann (z. B. bei mit Frettchen gejagten Kaninchen).

Die N e b e n s c h i l d d r ü s e n oder Epithelkörperchen (Glandulae parathyreoideae) sind rundliche, ovale oder abgeplattete dorsocraniale Epithelverdickungen der jederseitigen 3.—4. (selten 5.) inneren Kiementasche, die bei mittelgroßen Säugetieren die Größe einer Linse bis Bohne erreichen. Die der 3. Kiementasche werden als äußere, die der 4. als innere bezeichnet. Das äußere Paar liegt an oder manchmal auch in der Schilddrüse (Primaten, Raubtiere, Einhufer) oder an der Aufteilung der gemeinschaftlichen Kopfschlagader (Schweine, Paarhufer), das innere in der Schilddrüse oder am Bries oder es fehlt ganz (Schweine, manche Insektenfresser und Nagetiere). Das Epithelkörperchenparenchym enthält Bindegewebe, Blutgefäße und dazwischen einzelne gleichmäßig verteilte oder in Gruppen angeordnete Drüsenzellen, die ein eiweißartiges (Proteohormon), lebenswichtiges, Parathormon genanntes Inkret abgeben. Das Parathormon fördert einerseits die Calcium- und Phosphatausschüttung aus den Knochen und andererseits die Phosphatausscheidung der Nieren, regelt also den Calcium- und Phosphatspiegel des Blutes. Bei übermäßiger Tätigkeit der Epithelkörperchen geben die Knochen zuviel Calcium ab (Hypercalcämie) und werden weich, biegsam und brüchig (Ostitis fibrosa). Bei unzureichender Tätigkeit wird die Zahnverkalkung gestört und steigert sich mit Absinken des Blutcalciumspiegels (Hypocalcämie) die Erregbarkeit der peripheren Nerven bis zu Muskelkrämpfen (hypocalcämische Tetanie).

Die paarigen N e b e n n i e r e n (Glandulae suprarenales) liegen zwar in unmittelbarer Nähe der oder direkt an den Nieren, haben jedoch nach Herkunft und Aufgabe nichts mit ihnen zu tun. Sie schwanken je nach Körpergröße der Art zwischen einigen Millimetern und einigen Zentimetern Länge. Auch ihre Gestalt wechselt von Art zu Art erheblich und ihre Oberfläche von glatt zu tief gefurcht. Außerdem variiert artlich auch das Größenverhältnis der beiden Nebennieren zueinander ebenso wie das ihrer beiden nach Entstehung, Bau und Tätigkeit verschiedenen Hauptteile Rinde und Mark.

Die dreischichtige R i n d e enthält fett- und lipoidhaltige, das Mark chromaffine (d. h. mit Chromsäure färbbare) Zellen. Die Rinde erzeugt 30 verschiedene Hormone, die als Steroide vom Corticosteron her aufgebaut werden (Corticosteroide oder Corticoride), darunter Cortisol, Cortison, Hydrocortison, Desoxycorticosteron, Aldesteron und Adrenosteron. Sie regeln sowohl den Mineral- als auch den Kohlehydrat-, Fett- und Eiweißstoffwechsel. Außerdem entstehen in der Rinde auch Andro- und Östrogene, Hormone, die hauptsächlich von den Keimdrüsen geliefert werden. Die Nebennierenrindentätigkeit stärkt die Abwehrbereitschaft des Körpers gegen Krankheitskeime. Ganzausfall bedingt (beim Menschen) die Addisonsche oder Bronzekrankheit, Überfunktion Fettablagerungen, Blutdruck- und Blutzuckeranstieg und (beim Menschen) die Cushingsche Krankheit.

Das M a r k der Nebenniere baut aus der Aminosäure Tyrosin die Hormone Adrenalin und Noradrenalin auf, die für die Erregungsübertragung im postganglionären Teil des autonomen Nervensystems auf die Endorgane (s. Sympathicusreizung S. 50) und damit auch bei außergewöhnlichen Stoffwechselbelastungen des Körpers durch Sauerstoffnot, Muskelüberanstrengung, Blutzucker- und Temperaturabfall, Schreck u. ä. besonders wichtig sind.

Die zwischen Wirbelsäule und Zwölffingerdarm gelegene B a u c h s p e i c h e l d r ü s e (Pankreas) beherbergt außer ihren den Pankreassaft absondernden Drüsenzellen in großer Zahl (0,5—2,5 Millionen) eingestreute Zellhaufen (Langerhanssche Inseln), die rd. 2—3% des Prankreasgewichtes ausmachen. Die Inseln enthalten zwei Zellarten (α- u. β-Zellen), von denen erstere ein Vor- oder Proteohormon, das Glukagon, zur Förderung der Glykogenolyse in der Leber und damit Vermehrung des Blutzuckers, letztere das Hormon Insulin erzeugen. Das Insulin ist ein aus zwei bis mehreren Einheiten, die je aus zwei Peptidketten bestehen, aufgebautes Eiweiß, dessen Beschaffenheit sich von Art zu Art nur wenig ändert, was seine überartliche Verwendung (z. B. Rinderinsulin für zuckerkranke Menschen) ermöglicht.

Das Insulin ist grundlegend wichtig für den Kohlehydratstoffwechsel, weil es die Zellwanddurchlässigkeit für Glucose erhöht, den Glucoseverbrauch (Glucoseoxydation), die Glykogen-, Fettsäuren- und Eiweißbildung fördert und die Glucoseneubeschaffung aus anderen Quellen als dem Glykogenvorrat (Gluconeogenese) hemmt, also vor allem den Blutzucker verringert. Glukagon und Insulin sind normalerweise sich im Gleichgewicht haltende Gegenspieler, deren Verschiebung (Glukagonüber- oder Insulinunterproduktion, Hyper- oder Hypoglykämie) die als Zuckerkrankheit bezeichnete (Diabetes mellitus), tödlich sein konnende Stoffwechselstörung auslöst.

Die Keimdrüsen erzeugen außer exokretorisch Keim- oder Geschlechtszellen auch inkretorisch Hormone (Geschlechts-, Keimdrüsen- oder Gonadenhormone) sowohl männlicher (Androgene) als auch weiblicher (Gynogene) Prägung sowie u. U. auch zweigeschlechtlicher (bisexueller) Natur, die als Sterine durch Umwandlung des Cholesterins entstehen. Männliche Keimdrüsen produzieren auch Gynogene, weibliche auch Androgene. Dadurch hängt der Ausprägungsgrad eines Geschlechts vom jeweiligen Übergewicht des zuständigen Hormons ab und kann bei Gleichgewichtsstörung ein Geschlecht weitgehend in ein anderes umgeprägt werden. Ungeachtet dessen legt die Eibefruchtung das Geschlecht bereits fest, wodurch mit beginnender Entwicklung alle Körperzellen so geschlechtsgeprägt werden, daß aus einer (z. B. einem Leukocyten, s. S. 112) bereits das chromosale Geschlecht erkennbar ist. Bei frühester Keimdrüsenanlagenzerstörung oder völligem Ausbleiben der

Gonadenbildung wird der Körper phänotypisch weiblich.

Die H o d e n liefern in den Leydigschen Zwischenzellen das Androgen Testosteron. Aber auch sein Ausscheidungsstoff im Urin, das Androsteron, und das Adrenosteron der Nebennierenrinde wirken männchenprägend (androgen). Das Testosteron prägt die primären und sekundären Geschlechstmerkmale, bedingt die Spermienerzeugung, die Kehlkopfvergrößerung (Stimmbruch), Skelett- und Muskulaturverstärkung in der Geschlechtsreife, kurzum die Vermännlichung oder Maskulinisierung.

Die E i e r s t ö c k e erzeugen einmal als Gynogene die Oestrogene Oestron und Oestradiol. Oestron und der oestradiole Umwandlungsstoff Oestriol erscheinen auch im Harn. Zum anderen treten im Reifefollikel (Graafschen Follikel) und nach dem Follikelsprung im Gelbkörper (Corpus luteum) das Gestagen, Progesteron und als dessen Ausscheidungsstoff im Urin das Pregnandiol auf. Oestrogene und Gestagene prägen im Zusammenspiel mit Vorauswirken der ersteren die primären und sekundären weiblichen Geschlechtsmerkmale, in der Geschlechtsreife das Wachstum der Gebärmutter und Milchdrüsen und die Verhornung des Scheidenepithels. Nach der Geschlechtsreife wirken die Oestrogene brunstauslösend durch Vorbereiten der Uterusschleimhaut auf Ei- oder Eiereinnistung (Nidation), die Progesterone trächtigkeitsauslösend und -erhaltend und damit follikelreifeunterdrückend, sowie milcherzeugend. Im Zuge der Trächtigkeit produziert auch die Placenta Progesteron, das Choriongonadotropin (früher auch Prolan genannt), das den Gelbkörper in einen Trächtigkeitserhalter (Corpus luteum graviditatis) umbaut.

Die Keimdrüsenhormone werden vom Hypothalamus aus über den Hypophysenvorderlappen mittels dessen g o n a d o t r o p e r H o r m o n e (Gonadotrophine oder Gonadotropine) gelenkt, als da sind Follikelwachstums-Hormon, oestrogenförderndes und hodenzwischenzellenanregendes Hormon (Luteinisierungshormon) und Eiausstoßungs- (Ovolutions-), Gelbkörperstärkungs- und Milchbildungshormon (luteotrophes oder lactotropes Hormon bzw. Luteotrophin oder Prolactin).

Atmungsorgane

Die Lebensfähigkeit fast aller Tiere und damit auch der Säugetiere ist an Sauerstoffzufuhr für die Zellentätigkeit gebunden. Ihr dienen die Atmungsorgane (Organa respiratoria) Lunge und Haut. Letztere spielt bei den Säugetieren nur noch eine untergeordnete Rolle, zumal sie meist dicht mit Haaren besetzt ist. Macht doch selbst beim fast nackthäutigen Menschen die Sauerstoffaufnahme durch sie weniger als 1% der Gesamtaufnahme aus und erreicht auch die Kohlensäureabgabe durch sie nur knapp 1% (während letztere bei den Lurchen noch 60—80% beträgt). Die Lunge ist somit das bei weitem wichtigste Atemorgan. Sie hat die Aufgabe, den für die Gewebe benötigten Sauerstoff aufzunehmen und die von dort kommende Kohlensäure abzugeben, stellt also Ausgangs- und Endpunkt eines Kreisvorganges zwischen äußerer Atmung in ihr und innerer in den Geweben dar, wobei die Blutbahn zwischenträgt.

Zu der im Brustkorb gelegenen Lunge (Pulmo) führen von der Außenluft die Atem- oder Luftzufuhrwege über Nasen- und z. T. manchmal auch Mundhöhle, Schlundkopfhöhle, Kehlkopf, Luftröhre und Bronchen bis in die Lungenbläschen, in denen die Gase mit dem Blut getauscht werden. Auf die Nasenhöhle wurde bereits kurz auf S. 75 hingewiesen, die Mundhöhle wird beim Verdauungssystem auf S. 139 erwähnt und der Kehlkopf auf S. 31.

Die Luftröhre (Trachea) spannt sich als ein von 13—90 Knorpelringen gestützter, dorsal mit einer

Muskelschicht versehener, doppelwandiger Schlauch aus äußerer Faser- und innerer Schleimhaut (diese mit kopfwärts schlagendem Flimmerrepithel zur Fremdkörperentfernung) vom Kehlkopf zum Lungengrund, wo sie sich in einen rechten und linken Bronchus teilt. Manchmal (z. B. Wale) gabelt sich die Luftröhre bereits nahe dem Kehlkopf und nicht nur in die zwei genannten Bronchen, sondern auch noch in einen dritten Spitzen- oder apikalen Bronchus, so daß sie dreisträngig erscheint.

Die Lungenform, -größe und -atmungsweise hängt eng mit dem Brustkorb zusammen. Seine Gestalt ergibt sich weitgehend aus seiner mechanischen Beanspruchung innerhalb des Gesamtskelettes bzw. Bewegungsapparates, die wiederum von der Körpergröße und -haltung des Tieres und von seinem Lebenselement Wasser oder Luft bestimmt wird. So sind denn innerhalb der Säugetiere alle Brustkorbformen von kurz bis lang und hochschmal über faßförmig-rund bis abgeplattet-breit zu finden. Die Atmungstiefe, d. h. die je Atemzug ausgetauschte Luftmenge hängt wesentlich von der Stärke der Brustkorbwandmuskeln und der Rippen- und Zwerchfellbeweglichkeit ab.

Das nur den Säugetieren eigene Zwerchfell (Diaphragma) spannt sich zwischen Brustbein, Rippen und Lendenwirbeln so aus, daß die Brusthöhle nach hinten abgeschlossen wird. Es ist ein Ring aus quergestreiften Muskeln, deren Fasern strahlenförmig auf einen zentralen, sehnigen (bei den Kamelen z. T. verknöcherten) Zwerchfellspiegel (Centrum tendineum) zusammenlaufen. Je nachdem, ob die Fasern nur am äußeren Spiegelrand angreifen (wie z. B. beim Pferd) oder die Spiegelfläche bis fast in die Mitte bedecken (wie z. B. beim Maulwurf), ist der Bewegungsausschlag des in der Ruhestellung brustwärts vorgewölbten Zwerchfells klein oder groß. Im gleichen Sinne wirkt auch die Stellung des Zwerchfells im

Verhältnis zur Körperlängsachse. Steht es fast rechtwinklig dazu (z. B. Orang), ist es als verhältnismäßig kleinflächig zu keinem großen Ausschlag fähig. Umgekehrt verhält es sich, wenn es sich spitzwinkelig, fast in gleicher Richtung mit der Körperlängsachse, großflächig zwischen vorderen und hintersten Rippen ausspannt (z. B. Seekühe und Wale). Innerhalb dieser geschilderten extremen Muskelformen und Lagerverhältnisse gibt es alle Übergänge ebenso wie auch die verschiedensten Zusammenstellungen zwischen beiden.

Der durch Wirbel, Rippen, Brustbein und die dazu gehörige Muskulatur gebildete Brustkorb enthält die von einer serösen Haut, dem Brustfell (Pleura), ausgekleidete Brusthöhle (Cavum pectoris), in der Lunge, Herz, große Gefäße, Luft- und Speiseröhre liegen. Dadurch, daß die Organe bei der Entwicklung in die Brusthöhle vorwachsend gleichsam die Pleura vor sich herschieben, wird letztere in einen Herzbeutel und zwei Lungenflügelsäcke vorgestülpt und gegliedert. Die die Brusthöhle dann weitgehend ausfüllenden Lungenflügel bringen je das sie bedeckende (viscerale) Brustfellblatt (Lamina oder Pars pulmonalis) bis an die innere, mit dem seitlichen Brustfellblatt (Lamina oder Pars parietalis) überzogene Brustkordwand heran. So bleibt zwischen beiden Blättern vom Pleurasackhohlraum nur noch ein schmaler flüssigkeitsgefüllter Spalt übrig, der jedoch der Lunge genügend Spielraum für reibungslose Bewegung beläßt. Die einander zugekehrten Seiten der beiden Lungenflügel legen sich mit ihren visceralen mittleren Brustfellblättern (Laminae mediastinales) ebenfalls aneinander und umschließen, z. T. als Mittelfellscheidewand (Mediastinum) verwachsend, den durch Herz, große Gefäße, Luft- und Speiseröhre ausgefüllten Mittelfellraum (Cavum mediastinum). Bei den Elefanten sind Pleura pulmonalis und mediastinalis miteinander fest verwachsen, der Pleurasackspalt fehlt. Dafür heftet sich die Lunge an das noch in den Brustkorb hineingezogene Zwerchfell, um von ihm bewegt zu werden. Bei den Walen enthält die Pleura pulmonalis dicke Lagen elastischer Fasern,

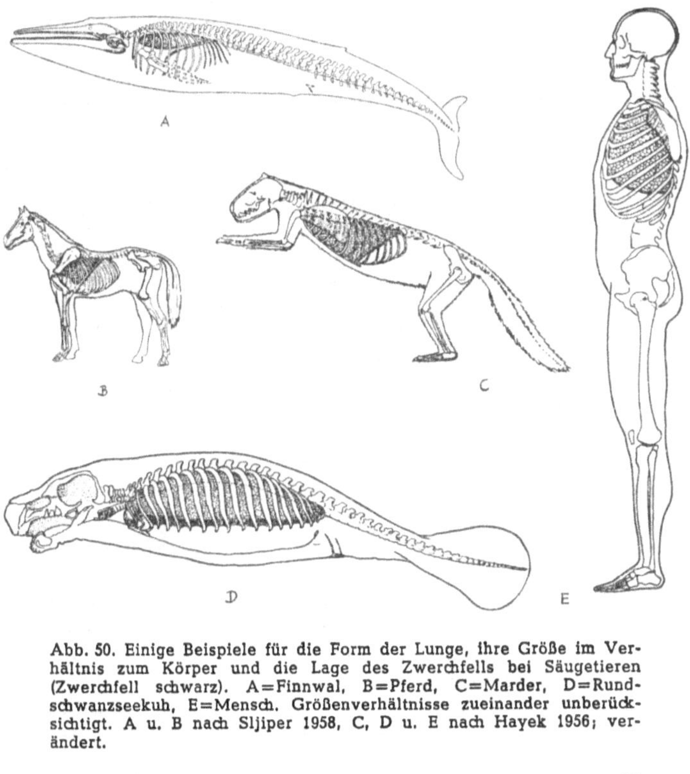

Abb. 50. Einige Beispiele für die Form der Lunge, ihre Größe im Verhältnis zum Körper und die Lage des Zwerchfells bei Säugetieren (Zwerchfell schwarz). A=Finnwal, B=Pferd, C=Marder, D=Rundschwanzseekuh, E=Mensch. Größenverhältnisse zueinander unberücksichtigt. A u. B nach Sljiper 1958, C, D u. E nach Hayek 1956; verändert.

die mithelfen, die Lunge schnell sich verändernden Druckverhältnissen anzupassen.

Die Luftröhre gabelt sich in ihrem unteren Ende in zwei Bronchen, von denen jeder einen Lungenflügel versorgt. Die Eintrittsstelle eines Bronchus in seinen Flügel ist die Lungenwurzel (Radix pulmonis). Die Lungenflügel der Wale, Seekühe, einzelner Robben und Fledertiere, der Mäuse, Eichhörnchen und Biber sind geschlossen geformte Säcke. Schwach gelappt sind die der Ameisenbären, Faultiere, Riesengleitflieger, Elefanten, Nashörner und Tapire. Sonst ist jeder Lungenflügel in durch Pleura ausgekleidete flache bis sehr tiefe Einschnitte oder Spalten (Incisurae interlobares) in mehrere Lappen (Lobi) unterteilt. Tief bis zum Bronchus reichende Spalten zeigen die Raubtiere, Meerschweinchen, Gürteltiere und der Schnabeligel. Meist gliedert sich der rechte Flügel in 3—4, der linke überhaupt nicht oder in 2—3 Lappen (beim Stachelschwein können es jederseits bis zu 10 sein). Die 3 Hauptlappen jedes Flügels sind der Spitzen-, Herz- oder Mittel- und der Zwerchfell- oder Basislappen (Lobus apicalis, cardiacus und diaphragmaticus). Viele Säugetiere entlassen an der Wurzel des rechten Flügels einen völlig abgeteilten Lappen (Lobus intermedius, infracardius, impar oder azygos) in die Herzbucht (Recessus infracardiacus) zwischen Herzbeutel und Zwerchfell. Abgesehen von den Lobi kann das Lungengewebe (Parenchym) ungegliedert oder mehr oder minder tiefreichend durch bindegewebige Zwischenwände (Septa interlobularia) in kleine Läppchen (Lobuli) unterteilt sein.

Die Hauptbronchen verästeln sich baumkronenartig (Bronchialbaum) über Seitenbronchen bis in die in die Lobuli einziehenden End- oder Terminalbronchen (Bronchuli veri). Diese teilen sich weiter in Bronchioli (Bronchuli respiratorii) und letztere in bis zu 30 Alveolengänge (Ductuli alveolares), deren

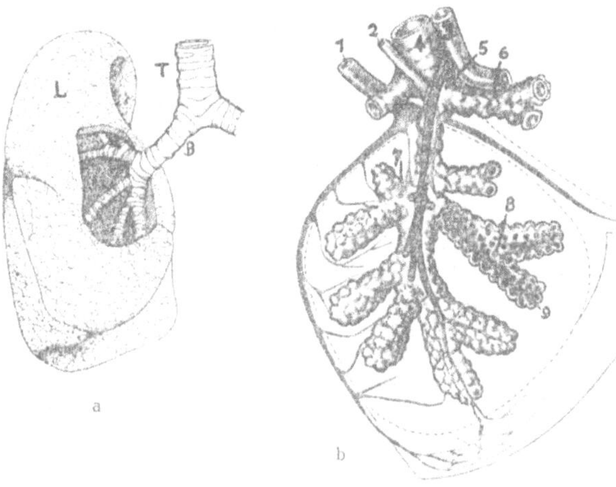

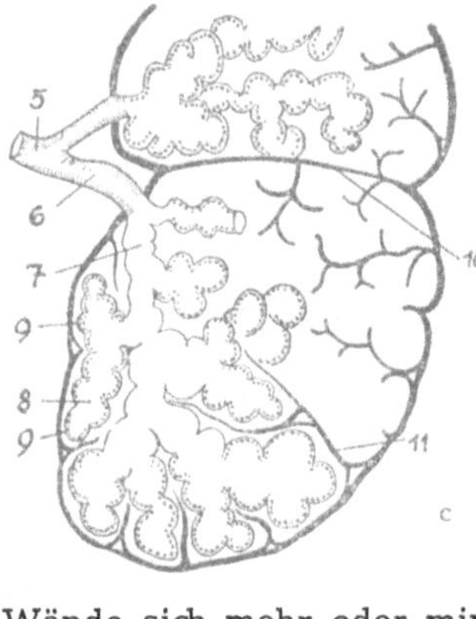

Abb. 51. Bau der Säugetierlunge, schematisch. a: ganzer Lungenflügel (L), z. T. aufgeschnitten, um die Verzweigung des von der Trachea (T) kommenden Bronchus (B) zu zeigen. b und c: Lungenläppchen (vereinfacht) plastisch und schematisch; 1=Vena pulmonalis, 2=Arteria bronchalis, 3=Arteria pulmonalis, 4=Bronchus subsegmentalis, 5=Nebenbronchus, 6=Endbronchus (Br. terminalis), 7=Br. alveolaris (respiratorius), 8=Ductus alveolaris, 9=Alveole, 10=interlobäres Septum, 11=interacionöses Septum, punktiert=respiratorisches Epithel. a nach Montagna 1959, b nach Kämpfe-Kittel-Klapperstück 1966, c nach Koch 1963; verändert.

Wände sich mehr oder minder kugelig zu Lungenbläschen (Alveoli, Infundibula) erweitern, um schließlich als Alveolensäckchen oder Endschläuche (Sacci alveolares) blind zu enden. Die Wand aller Bronchen besteht von innen nach außen aus einer Flimmerepithel tragenden Schleimhaut, einer Muskel-, einer Knorpelringe oder -einlagerungen enthaltenden Faser- und einer Bindegewebsschicht.

Gleich der Luftröhre enthalten auch die Bronchen Knorpelringe. Bei manchen Säugetieren (z. B. Elefanten, Mäuse) verschwinden sie mit Bronchen-eintritt in die Lunge, bei den anderen steigen sie verschieden tief am Bronchialbaum hinab. Am tiefsten bei den Walen, wo selbst die kleinsten Bronchi noch welche tragen und so sowohl ein Zusammendrücken der Luftwege beim Tieftauchen verhindern als auch schnellen Luftdurchgang gestatten. Die Delphine können außerdem ihre Bronchioli durch Reihen von zwei bis drei Dutzend hintereinanderliegenden Ringmuskeln verschließen und so beim Tauchen ein Rückgepreßtwerden der Luft in die Luftwege verwehren.

Außer den Delphinen, bei denen sich die Bronchioli unmittelbar in Alveolengänge verzweigen, schalten sich zwischen diese beiden Luftwegsysteme die Branchioli transistiones ein. In ihnen geht das Bronchialepithel allmählich ins respiratorische Alveolenepithel über. Die dicht aneinanderstoßenden Alveolenwände haben nur ein dünnes, reich mit Haargefäßen versehenes Gitterfasernetz zwischen sich. In ihm können (wie z. B. bei Fledermäusen) zahlreiche luftdurchlässige Löcher (Alveolenporen) eine Verbundatmung (Kollateralrespiration) ermöglichen. Jede Alveole ist innen mit einem feinzottigen (Microvilli) Epithel ausgekleidet, das einer Grundschicht (Basalmenbran) aufliegt. An letztere schmiegt sich die einschichtige Wand der Haargefäße, so daß das Gas von der Alveolenluft bis zum roten Blutkörperchen und umgekehrt durch drei Gewebeschichten treten muß. Das bedeutet jedoch kein großes Hindernis, weil die wichtigsten Atemluftgase O_2 und CO_2 sowohl wasser- als auch fettlöslich sind (CO_2 zudem noch erheblich leichter als O_2). Demnach reicht das unter natürlichen Verhältnissen für beide Gase zwischen Alveolenluft und Blut vorhandene geringe Druckgefälle von einigen mm Hg aus, um rein physikalisch den Gasaustausch zu bewerkstelligen. Und zwar hat O_2 in der Alveolenluft stets einen höheren Partialdruck als im venösen Haargefäßblut und CO_2 im letzteren einen höheren als in der Alveolarluft. Im übrigen wird die Stärke des Gaswechsels von der Austauschgeschwindigkeit der Alveolarluft und der Durchblutungsgeschwindigkeit der Haargefäße, damit wiederum von der Atemzugzahl und -tiefe je Zeiteinheit und somit auch von der Atemmechanik (Brustkorb- und Zwerchfellbeweglichkeit) bedingt.

Die Alveolengröße, die bei den Säugetieren zwischen 400 μ ⌀ beim Dreizehenfaultier und 20—25 μ ⌀ bei den Spitzmäusen und Fledertieren liegt, steht zur Körpergröße nur insofern in loser Beziehung, als im allgemeinen Kleinsäuger kleinere Alveolen als Großsäuger haben. Eine feste Regel läßt sich jedoch nicht ableiten, da z. B. die gegenüber dem Faultier ungefähr gleichgroße Hauskatze nur 100 μ ⌀ und das Pferd mit 140 μ ⌀ kleinere Alveolen als der Mensch mit 250 μ ⌀ zeigt. Kleinere Alveolen liefern je Lungenraumeinheit größere Atem- oder respiratorische Oberfläche als größere, bei der Katze z. B. rd. 20 m^2 gegenüber den 5 m^2 des Faultieres. Setzt man die Atemoberflächengröße mit dem Körpergewicht in Beziehung, so ergeben sich für ein Gramm Körpergewicht z. B. beim Faultier 3, Mensch 7 und Fledermaus 100 cm^2.

Die A t m u n g wird dreifach, nämlich chemisch, reflektorisch und zentralnervös gesteuert. Chemisch vor allem durch CO_2-Partialdruckverschiebungen im Blut, die sowohl mittelbar von Chemoreceptoren am Carotissinus über den Nervus glossopharyngeus dem Atemzentrum im Verlängerten Mark gemeldet, als auch unmittelbar aus dem das Atemzentrum durchströmenden Blut abgelesen werden. Diese Chemoreaktionen gehören im weiteren Sinne auch zur reflektorischen Regelung, da in ähnlicher Weise Mechanoreceptoren der Lungen den Dehnungsgrad ihres Gewebes über den Nervus vagus dem Atemzentrum mitteilen, das über periodische Hemmungen des Nerven eine Selbststeuerung der Atmung gewährleistet (Hering-Breuer-Reflex). Reflektorisch im engeren Sinne arbeiten die Atemschutzreflexe. Von ihnen Husten, Niesen und Atemanhalte- oder Apnoe-

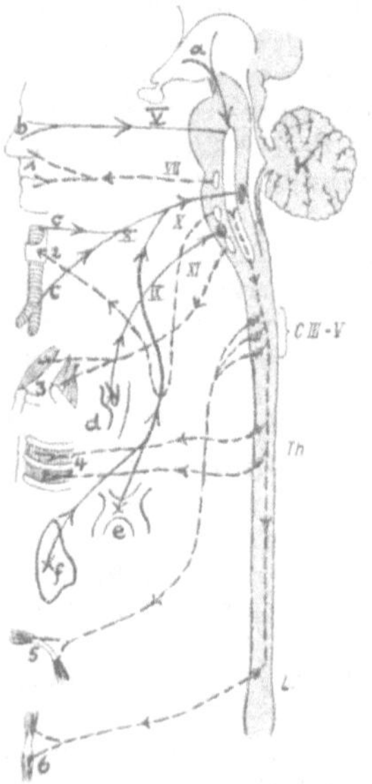

Abb. 52. Atemregulierung. Afferente (Vollstriche) und efferente (unterbrochene Linien) Bahnen des Atemzentrums. a = von höheren Hirnabschnitten, b = aus dem Trigeminusgebiet, c = aus den oberen Luftwegen, d = vom Carotissinus, e = vom Aortenborgen, f = aus der Lunge, 1 = zu Nase und Mund, 2 = zum Kehlkopf, 3 = zur Halsmuskulatur, 4 = zu den Zwischenrippenmuskeln, 5 = zum Zwerchfell, 6 = zur Bauchmuskulatur. V, VII, IX, X u. XI = entsprechende Gehirnnerven, C III—V = Cervicalnerven, Th = Thoracalnervengebiet, L = Lumbalnervengebiet, K = Kleinhirn. Nach Rein-Schneider 1955, verändert.

reflex als Eigenreflexe, Kälte- und Schmerzreize als Fremdreflexauslöser. Niesen und Husten werden durch störende Fremdkörper- oder Schleimteilchen in den Atemwegen über Nervus vagus-Meldungen zum Atemzentrum und Atemmuskulatur-Betätigungsbefehle von diesem in Gang gebracht. Ein Berühren der Nasen- und Rachenschleimhaut mit stark reizenden

Gasen oder fast gasförmigen Stoffen läßt über Alarmnachrichten des die Schleimhäute versorgenden Nervus trigeminus augenblicklich den Atem stillstehen.

Diesen geschilderten Atemregelungen sind im Gehirn drei Zentren übergeordnet. Das niedrigste davon liegt als eigentliches Atemzentrum im Netzwerkkerngebiet des verlängerten Markes. Ihm gehen alle durch die Atemtätigkeit in Blut, Lunge und Brustkorb ausgelösten Veränderungen als afferente Erregungen zu. Das Zentrum gliedert sich in ein ventrales Ein- und dorsales Ausatmungszentrum, die als Gegenspieler wechselnd efferente Impulse an die Atemapparatur aussenden. Als nächst höheres Zentrum ist ihm das pneumotaktische der Brücke (Pons) am vorderen unteren Medulla-Ende vorgeschaltet, das vor allem die Atmung auf die Erfordernisse der Körperwärmeregelung einstellt. Das dritte, letzte und höchste sitzt im Zwischenhirn und bringt die Atmung mit allen übrigen Körpertätigkeiten in Einklang.

Verdauungssystem

Der Verdauungsapparat oder das Verdauungssystem (Systema digestiorum) besteht aus verschiedenen Organen (Organa digestionis), deren größtes der Verdauungskanal (Tractus alimentarius) ist und dem ihm dienende Drüsen (Speicheldrüsen, Leber, Bauchspeicheldrüse) beigeordnet sind. Er nimmt die Nahrung auf, prüft, zerkleinert, befördert, erschließt sie, saugt sie auf, setzt sie neu zu eigenen Nährstoffen zusammen und scheidet die unbrauchbaren Reste sowie ihm aus dem Blut abgegebene Stoffe aus. Außer den unmittelbar in ihm gelegenen mechanischen und sensorischen Hilfsorganen (Zähne, Zunge, Geschmacksknospen, Tastorgane) stehen auch die Lippen, Wangen, Kau-, Schling-, Bauch- und Beckenbodenmuskeln weitgehend oder ganz zu seiner Verfügung.

Der Verdauungskanal erstreckt sich zwischen Nahrungseinbringungs- und Kotaustrittsöffnung (Maul und After) und gliedert sich in Kopf- und Rumpfdarm. Der Kopfdarm (Cephalogaster), auch Kiemen- oder Atmungsdarm (Tractus respiratorius) genannt, weil er bei den niederen Wirbeltieren die Kiemenspalten trug, besteht aus Mundhöhle und Rachen, der Rumpfdarm (Tractus digestorius) aus Vorderdarm mit Speiseröhre und Magen, Mitteldarm mit Dünndarm, Leber und Bauchspeicheldrüse, und aus End- oder Dickdarm mit After.

Das Maul ist der Ort des Ergreifens, Prüfens, Zerkleinerns, Einspeichelns und damit Geeignetmachens der Nahrung zum Abschlucken. Es hat auf dem stammesgeschichtlichen Wege von den Kriech- zu den Säugetieren Veränderungen erfahren, die entscheidend am Werden der Säugetiere mitwirkten. Die Form- und Arbeitsaufteilung der Zähne in Greif-, Zerreiß- und Zerteil- bzw. Kauzähne (Schneide-, Eck- und Backenzähne), die eingehende Nahrungszerkleinerung durch Kauflächenschaffung bei den Backenzähnen, das Verstärken der Kiefermuskulatur zur Kaumuskulatur, das Vergrößern der Speicheldrüsen zur vermehrten Speichelabsonderung, das Ausstatten des Speichels mit Fermenten zur Verdauungseinleitung und das Festhalten der beim Zerkauen bewegten Nahrung durch die Wangen als elastische Mundhöhlenseitenwände ermöglichten ein besseres Ausnutzen der Nahrung durch Verdauungsbeschleunigung und eine schnellere Nahrungsaufnahmefolge. Letztere wiederum gab dem Blut mehr Nährstoffe zum Verteilen an die Gewebe je Zeiteinheit; der dadurch erhöhte Gewebestoffwechsel gestattete ein Beständighalten der Körpertemperatur und damit die Warmblütigkeit. Durch sie eroberten die Säugetiere auch unwirtliche Lebensräume außerhalb der Tropen und Subtropen und bevölkerten so schließlich die ganze Erde.

Die Mundhöhle (Cavum oris) des Maules beherbergt Zunge und Zähne, ist mit einer drüsenhaltigen Schleimhaut ausgekleidet, nimmt in ihrem vorderen Dach den Nasengaumengang (Ductus nasopalatinus, s. S. 71) und ferner die Ausführgänge der Speicheldrüsen in sich auf. Sie reicht nach hinten bis zu der von Gaumensegel (Velum palatinum) und Zungengrund verschließbaren Rachenenge (Isthmus faucium), die in die Rachenhöhle führt. Äußerlich wird sie von den Lippen und einwärts davon von den Kiefer- und Zahnbögen umgrenzt. Letztere trennen die eigentliche oder Haupt- oder Innen-Mundhöhle (Cavum oris proprium), in der die Zunge liegt, von den zwischen ihnen und Lippen nebst Wangen oder Backen gelegenen Außenraum oder Vorhof (Vestibulum oris). Bei den Säugetieren, die eine Lücke (Diastema) zwischen Schneide- bzw. Eck- und Backenzähnen aufweisen (z. B. Raub-, Nage-, Hasen-, Huftiere) bleiben Vorhof und Innenraum auch bei geschlossenen Kiefern in ständiger Verbindung.

Die mit Muskeln, Drüsen, Gefäßen, Nerven, Tastkörpern und -haaren reich versehenen Lippen (Labia oris) umrahmen als Ober- und Unterlippe (Labium maxillare et mandibulare) die beiderseits bis zum Mundwinkel (Angulus oris) reichende Mundspalte (Rima oris). Eine sehr enge Mundspalte, die kaum mehr als den Durchtritt der langen Leckzunge gestattet, haben die Ameisen- und Termitenfresser Schnabeligel, Erdferkel, Ameisenbären, Gürtel- und Schuppentiere. Sehr weit dagegen können sie die meisten räuberisch lebenden Säugetiere öffnen (Beutelratten, Insektenfresser, Fledertiere, Landraubtiere, Robben, Wale u. a.). Die Lippen zeigen bei den Säugetieren einen hohen Ausbildungsgrad als Tast-, Wühl-, Saug- und Greiforgan und bestimmen vor allem durch die Oberlippe weitgehend die Nasen- und überhaupt Schnauzenform (Flotzmaul der Rinder, Rüsselscheibe der Schweine etc.). Durch Einbezug der

Oberlippe in die Nasenunterseite baut sie die kurzen bis langen Rüssel, wie sie vom kurzen Maulwurfs- über den mittellangen Desman- und Tapir- bis zum langen Elefantenrüssel gefunden werden, mit auf. Nur Schnabeltier und -igel besitzen anstelle der häutigen Lippen verhornte Schnäbel und ähnlich der Beutelmaulwurf eine verhornte, die Blindmaus eine verknorpelte Oberlippen-Nasenplatte.

Beim Vorhof des Maules ist zwischen einem vorderen Lippen- und hinteren Backenvorhof (Vestibulum labiale et buccale) bzw. einer Lippen- und Wangenhöhle (Chilo- et Pariocoel) zu unterscheiden. Bei den unterirdisch grabenden Nagetieren der nordamerikanischen Taschenratten und afrikanischen Sandgräber sind beide Höhlen durch einen Wangenhauteinschlag im Diastema, der die Schneide- bzw. Nagezähne umgibt, ganz voneinander getrennt, so daß beim Graben mit diesen Zähnen keine Erde in die Mund- und Backenhöhle eindringen kann. Die Backenhöhlenschleimhaut trägt z. T. hornige Leisten (Beutler) oder Fäden (Papillen) wie bei den Paarhufern als Schutz vor harten und stacheligen Futterteilen und zur mechanischen Futterbeförderung. Auch kann sie sich zu inneren oder echten Backentaschen als Nahrungsbewahrer einstülpen (Beutler, Nager, Affen). Besonders groß sind diese beim südamerikanischen Nagetier Paka, deren Jochbögen sie aushöhlend stark aufblähen, und bei den Hamstern, denen sie bis an die Brust hinunterreichen. Die Vorderschnauzenhaut der Taschenratten hat sich außerhalb der Mundspalte halbkreisförmig zu einer äußeren oder falschen Backentasche eingesenkt, die nur mit den Pfoten und nicht von der Mundhöhle aus gefüllt werden kann.

Die Mundhöhlenschleimhaut trägt viele kleine Drüsen, die wässerigen bis schleimigen Saft zu ihrem Feuchthalten und Schlüpfrigmachen ausscheiden (seröse, submuköse und muköse Spül- oder sog.

kleine Speicheldrüsen) und die nach ihrer Lage als Lippen-, Wangen- und Zungendrüsen (Glandulae labiales, buccales et linguales) heißen. Bei Beutlern, Hunden, Hasen und Huftieren schließen sich die Wangendrüsen zu großen, speicheldrüsenartigen Gebilden zusammen, die bei Hasen und Hunden bis in die Augenhöhlen aufsteigen (Glandulae orbitales s. zygomaticae).

Die den Speichel liefernden Anhangsdrüsen der Mundhöhle (S p e i c h e l d r ü s e n , Glandulae salivales) sind meist sero-muköse Mischdrüsen, die um so stärker ausgebildet sind, je trockener oder sonstwie schlecht schluckbar die Nahrung ist. Infolgedessen sind sie meist bei Pflanzenfressern erheblich größer als bei Fleischfressern (ein Rind oder Pferd erzeugt täglich rd. 50 l Speichel) und auch bei Ameisen- und Termitenfressern, die ihre Beute unzerkaut verschlucken und die Fangzunge mit Speichel stark klebrig halten müssen, sehr groß. Bei Robben und Walen, die schlüpfrige Fische, Tintenfische, Meeresschnecken usw. ganz verschlucken, sind sie am kleinsten.

Die drei H a u p t s p e i c h e l d r ü s e n heißen nach ihren Lageorten Ohr-, Unterkiefer- und Unterzungenspeicheldrüsen (Glandula parotis, mandibularis et sublinguales). Erstere liegt unterhalb des Ohres hinter dem aufsteigenden Unterkieferast und reicht bis in den Halsanfang. Ihr Ausführgang (Ductus parotidicus s. Stenonis) mündet in der Wangenhöhle. Die Unterkieferdrüse (Gl. mandibularis, früher auch submandibularis oder submaxillaris genannt) erstreckt sich vom Zungenansatz bis zum Atlasflügel, oft auch weiter in den Hals hinein und bei Flughunden und Maulwürfen sogar bis zum Schlüsselbein. Ihr Ausführgang (Ductus mandibularis s. Whartoni) endet neben dem Zungenbändchen. Bei den seitlich unter der Zunge sitzenden Unterzungendrüsen (Gl. sublinguales) handelt es sich einmal um viele Einzeldrüsen, von denen jede ihren eigenen kleinen Ausgang hat, die aber auch zu einer geschlossenen Masse zusammengerückt sein können (Gl. polystomatica s. parvicanalaris bzw. Ductus sublinguales minores s. Rivinii), zum anderen um eine Großdrüse mit nur einem Ausführgang (Gl. sublingualis major s. grandicanalaris bzw. Ductus sublingualis major s. Bartholinii).

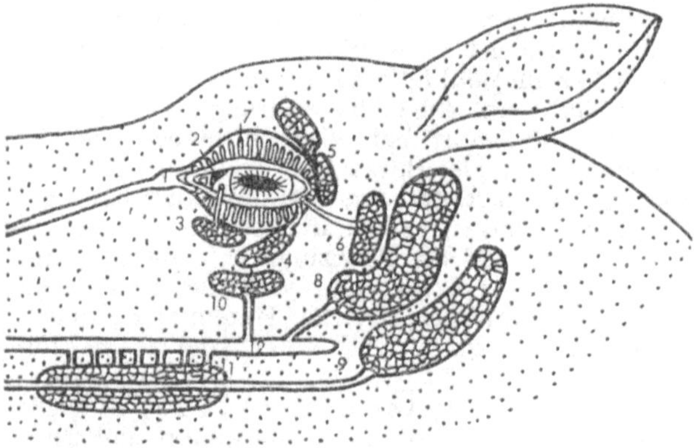

Abb. 53. Speichel- und Augenumgebungsdrüsen eines Säugetieres, schematisch. 1=Tränensack mit 2 Tränenröhrchen zum Augenwinkel im entgegengesetzt gerichteten Tränen-Nasengang, 2=Nickhautrest mit Drüsen, 3=Hardersche Drüse, 4=Jochbogendrüse, 5=supraorbitale Tränendrüse, 6=exorbitale Tränendrüse, 7=Meibomsche Liddrüsen, 8=Ohrspeicheldrüse, 9=Unterkieferspeicheldrüse, 10=Unteraugenspeicheldrüse, 11=Unterzungendrüse, 12=Mundhöhle. Nach Haltenorth 1964.

Die S c h l e i m h a u t des Mundhöhlendaches ist im Bereich des harten Gaumens (Palatum durum) der Knochenhaut des Oberkiefer-, Gaumen- und Flügelbeines angewachsen. Sie erhebt sich meist in regelmäßigen Abständen zu queren G a u m e n l e i s t e n (Rugae palati s. palatinae), die glatt oder nach hinten scharfkantig oder zackig und sogar verhornt sein können. Ihre Zahl schwankt zwischen 2 – 3 und 20.

Bei Seekühen haben sie sich zu einer Hornplatte zusammengeschlossen, der eine entsprechende auf der verlängerten Unterkiefersymphyse gegenüberliegt. Bei den Bartenwalen vermehrten und verlängerten sei sich zu den dicht stehenden hornigen Barten. Die Gaumenleisten helfen der Zunge beim Festhalten und Zerreißen der Nahrung und richten sich in Bau und Zahl nach der Nahrungsart und -verarbeitung. Sie sind ebenso art- und einzeltierkennzeichnend wie die Nasenspiegelfelder und Hautleisten der Finger, Zehen, Hand- und Fußsohlen.

Zusammen mit den Organen des Maules und der Mundhöhle (Lippen, Zähne, Gaumenleisten, Kaumuskeln) vervollkommneten die Säugetiere auch die den Mundhöhlenboden bedeckende Zunge (Lingua, Glossa) zu einem sehr beweglichen und vielseitigen Organ. An der Wurzel vom Zungenbein gestützt, setzt sie sich aus quergestreiften, teils vom Zungenbein her in sie einstrahlenden Muskeln, aus Bindegewebe und Fett zusammen und wird von einer mit Drüsen und Papillen besetzten Schleimhaut überzogen, die mit dem Zungenbändchen (Frenulum linguae) am vorderen Mundhöhlenboden ansetzt. Sie erfaßt die Nahrung (z. B. Leckzunge der Ameisen-, Termiten-, Nektar- und Honigfresser, Greifzunge der Giraffen) oder hilft dabei, schlappt oder saugt Wasser auf, bewegt, sortiert und prüft vor und in der Mundhöhle die Nahrung, hilft bei ihrem Abschlucken und bei der Körperpflege und wirkt als Tastorgan und als Speichel- und Magensaftschleuder in der Verteidigung (z. B. Lama). Ihre Oberflächenpapillen dienen entweder mechanischen Futterbearbeitungszwecken (Papillae mechanicae) und sind dann kurz bis lang oder sogar verhornt (z. B. Katzen) oder sie helfen als Empfindungspapillen (Papillae sensitivae) der Geschmacksfindung (Papillae gustatoriae) (s. S. 73 u. Abb. 33). Die Zungengestalt ist innerhalb der Säugetiere sehr vielseitig von der kaum beweglichen, kurzen, runden und vorwiegend mit Fett gefüllten der Bartenwale bis zur fast körperlangen schlangenförmigen, äußerst beweglichen der Ameisen- und Termitenfresser oder der langen dünnen, vorn kolbig aufgetriebenen und hornstachelbesetzten oder nektarleckenden der Flughunde.

Als Nahrungsergreifer, -festhalter und -zerkleinerer wirken in der Mundhöhle die Zähne, deren Gesamtheit als Gebiß bezeichnet wird. Beim Säugetier besteht der einzelne Zahn (Dens) aus den drei Abschnitten der Krone (Corona dentis), des Halses (Collum d.) und der Wurzel (Radix d.). Die Krone ist der aus dem Zahnfleisch (Gingiva) herausragende und meist mit Schmelz bedeckte Teil, der Hals das vom Zahnfleisch- bis zum Kieferknochenoberrand reichende Zwischenstück und die Wurzel das tief (thecodont) in die entsprechende Knochenhöhle (Alveola) eingesenkte Stück. Die echte Wurzel ist bis auf die Öffnung an ihrer Spitze geschlossen und kann einfach sein (z. B. Schneidezähne) oder mehrere Äste aufweisen (z. B. oberer Dachsbackenzahn 5 und mehr). Die unechte Wurzel bleibt ungespitzt einfach und offen bei den dauerwachsenden Schneidezähnen (z. B. Nagetiere), Eckzähnen (z. B. Flußpferd) und Backenzähnen (z. B. Pferde). Die Zähne sind in der Alveole durch Faserbündel der Wurzelhaut (Periost) fest mit dem Kiefer verbunden (Gomphose). Im Zahninnern liegt die mit Bindegewebe, Blutgefäßen und Nerven erfüllte Zahnhöhle (Cavum dentis, Pulpa), die sich in der echten Wurzel zum Wurzelkanal verengt.

Die Hauptmasse des Zahnes besteht aus Zahnbein oder Dentin (Substantia eburnea, Elfenbein), einem kalksalzgetränkten Bindegewebe, das von den Außenoberflächenzellen des Pulpakernes (Odontoblasten) abgeschieden und von zahlreichen feinen, zur Zahnoberfläche senkrecht stehenden Kanälchen durchzogen wird. Die Krone des Zahnes ist meist

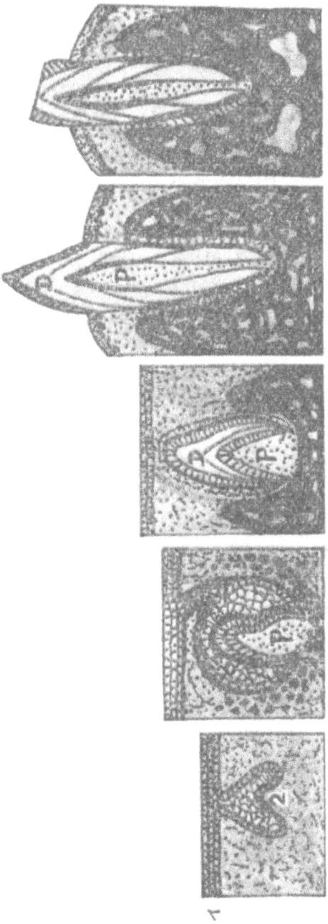

Abb. 54. Entwicklung eines Säugetierzahnes. A=Knospenstadium, B=Glockenstadium, C=Zahn vor dem Durchbruch, D=Zahn nach dem Durchbruch, E=abgenutzter Zahn. 1=Mundhöhlenepithel, 2=Schmelzorgan, D=Dentin, P=Pulpa. Außerhalb des Zahnes punktiert=Zahnfleisch, schwarz=Knochen. Nach Sicher 1962, verändert.

durch den Überzug des Schmelzes (Email, Substantia adamantina) besonders gehärtet. Er wird vom ectodermalen Epithel auf das Zahnbein gelagert und besteht aus Kristallen von Apatit, einem Calcium-Hydroxyl-Phosphat, $Ca_5OH\ (PO_4)_3$, die verschiedenartig gelagert sein können, z. B. sperrholzartig in rechtwinkligen Schichten (z. B. Nage- und Hasentiere) oder kometenschweifartig gefächert (z. B. Affen und Mensch). In ihm ziehen vom Dentin her feine Dentinröhrchen. Außen schirmt ihn eine porzellanglänzende, harte Oberhaut (Cuticula dentis, Nasmythsche Membran) ab, die aus abgestorbenen, durch ausfallende Speichelmineralien fest verkitteten Bakterien (Mundstreptokokken und Milchsäurestäbchen) zusammengeschweißt ist. Ein dritter Zahnbaustoff neben Zahnbein und Schmelz ist der gleich dem Dentin ebenfalls mesodermale Zement

Abb. 55 a

Abb. 55. Zahnbau beim Breitmaulnashorn. a: elektronenmikroskopische Aufnahme in 12 000facher Vergrößerung von einer Schmelzquerbruchfläche eines Breitmaulnashorn-P4. Die feinsten kleinen Risse sind Grenzen der gerade noch erkennbaren Apatitkristalle, deren Größen zwischen 1000 bis 10 000 Å liegt. b: Oberkieferdauerprämolar P4 eines erwachsenen, rund 12- bis 15jährigen Breitmaulnashornes, senkrecht durchschnitten. D=Dentin, S=Schmelz, Z=Zement. a Dr. Newesely, b Dr. Schaurte phot.

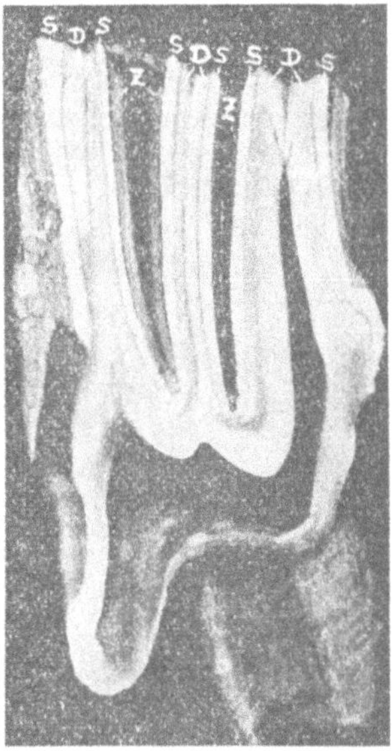

Abb. 55 b

(Substantia ossea), ein dem Knochen sehr ähnliches verkalktes Gewebe ohne Haversche Kanäle und Gefäße, das außerhalb vom Schmelz den Zahn umkleidet, nach der Wurzel zu meist dicker wird, Wurzelzwischenräume ausfüllen kann und bei den Faltkronen in den Falten erscheint, um deren Widerstandskraft und Oberflächenrauhheit zu erhöhen.

Die in den einzelnen Säugetierordnungen stammesgeschichtlich fortschreitende Ausgestaltung der Zähne, besonders der Backenzähne, ging von einfachen Formen der Kriechtiervorfahren aus. Für die Backenzähne waren es dreispitzige (triconodonte) Kriechtierbackenzähne, bei denen eine mittlere Hauptspitze (Protoconus) eine niedrigere Vorder- (Paraconus) und Hinterspitze (Metaconus) überragte. Durch Seitenverschiebung der Nebenspitzen entstand ein Dreiecksgrundriß der Spitzenlage (Triangulartypus), durch Hinzutreten weiterer Nebenhöcker (vorne Proto-, hinten Metaconulus) ein Fünfhöckerzahn und durch weitere Höcker (Peri-, Hypo-, Pseudohypocon) schlossen sich Pfeiler (Para-, Proto-, Metastyl) zusammen. Ein den

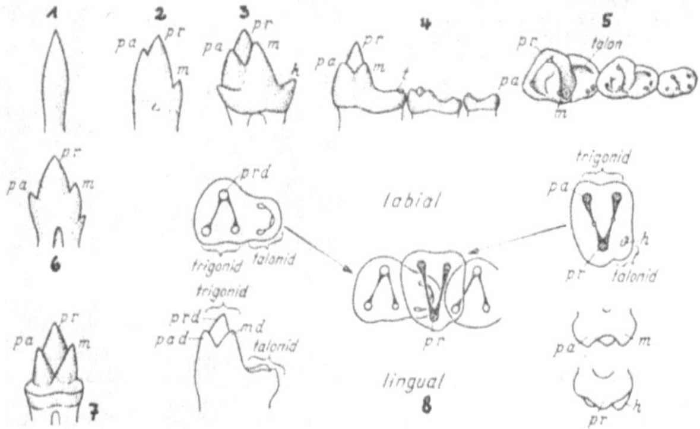

Abb. 56. Stammesgeschichtliche Entwicklung des dreispitzigen, dreihöckrigen und des höckrigschneidenden (triconodonten, trigonodonten und tuberculosectorialen oder tribosphenischen) Zahnes aus dem einfachen (haplodonten) Kriechtierzahn. Trituberculartheorie nach H. F. Osborn. 1=haplodonter Reptilienzahn, 2=triconodonter Zahn von *Dromotherium*, 3=trigonodonter Zahn von *Amphitherium*, 4 u. 5=tuberculosectoriale Zähne von *Miacis* in Seiten- und Kauflächenansicht, 6=triconodonter Zahn von *Microconodon*, 7=trigonodonter Zahn von *Spalacotherium*, 8=trituberculare Molaren in ihrer gegenseitigen Lage, links im Unterkiefer und rechts im Oberkiefer. h=Hypoconus, m=Metaconus, md=Metaconid, pa=Paraconus, pad=Paraconid, pr=Protoconus, prd=Protoconid. Nach Weber 1927 u. Thenius & Hofer 1960, verändert.

Kronenfuß umlaufendes Basalband (Cingulum) verbreiterte sich zu einer Kauplatte (Talon). Mehr oder minder weitgehende Verschmelzung von genannten Kronenteilen ergaben V- oder Mondsicheljoche und darüber hinaus bis zu den Lamellenzähnen der Elefanten komplizierte Grundrisse. Ein einfach kegelförmiger Zahn (z. B. Eckzahn) heißt haplodont, ein höckerkroniger (z. B. Schweinebackenzahn) bunodont, ein hochkroniger mit spätschließender Wurzel (z. B. Pferdebackenzahn) hypselodont oder hypsodont, ein querjochkroniger zygo- oder lophodont, ein Zahn mit wenigen Querjochen (z. B. Tapir) oligolophodont, mit vielen (z. B. Elefant) polylophodont, die Querjoche je nach ihrer Stellung Vorjoch (Protoloph) oder Nachjoch (Metaloph), ein zusätzliches Verbindungsjoch zwischen den Außenecken des Vor- und Nachjochs Ectoloph, ein mondsicheljochkroniger Zahn (z. B. Rind) selenodont und ein schmelzfaltenkroniger (z. B. Pferd) plicident.

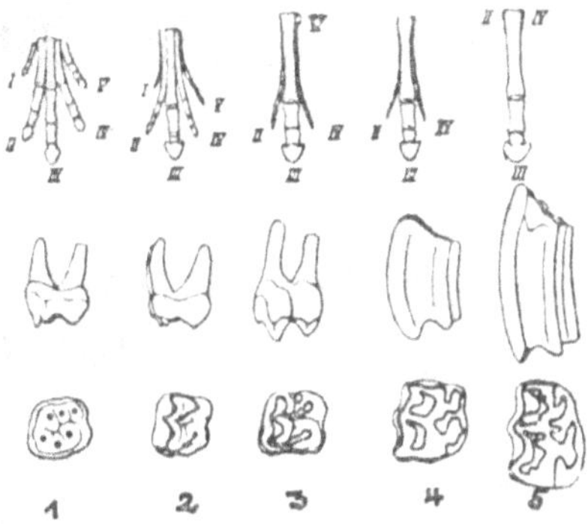

Abb. 57. Backzahnentwicklung in der Stammesgeschichte der Pferde. Mit Rückbildung und Verlust der Fußstrahlen I, II, IV u. V geht eine Verlängerung und Schmelzeinfaltung der Backenzähne einher. Obere Reihe Fußknochen, mittlere und untere Reihe Backenzähne in Seiten- und in Kronenaufsicht von 1=*Phenacodus* (unteres Eozän), 2=*Hyracotherium* (mittleres Eozän), 3=*Miohippus* (Miozän), 4=*Hippidion, Hipparion* (Pliozän), 5=*Equus* (Pleistozän und Gegenwart). Nach Bourdelle — Bennejeant — Wicart 1937, verändert.

Die bei den niederen Wirbeltieren sich durch das ganze Leben hinziehenden Zahnerneuerungen (Polyphyodontie) verringern sich bei den Säugetieren auf die zwei Zahngenerationen des Milch- oder Wechsel- und des Ersatz- oder Dauergebisses (Diphyodontie) in senkrechter Aufeinanderfolge. Der Wechsel vollzieht sich bei den einzelnen systematischen Gruppen stets in ganz bestimmter Reihenfolge, wobei Formangleichungen auftreten können, z. B. Schneidezahnförmigkeit der Ersatzzähne am Eckzahnort (Incisivierung) oder Backenzahnförmigkeit der Vorbackenzähne (Molarisierung) bei den Paarhufern. Manchmal ist auch von den zwei Generationen noch eine (Dauergebiß bei Klo-

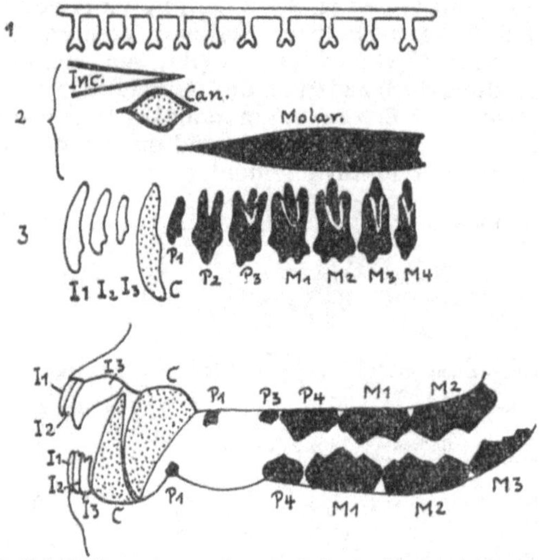

Abb. 58. Gebißdifferenzierung, hypothetisch. 1=die Zahnleiste mit undifferenzierten Rudimenten, 2=das morphogenetische Feld, das die Rudimente beeinflußt und verschieden entwickeln läßt, 3=das differenzierte hypothetische Gebiß. 4=Gebiß des Braunbären. I 1—3= Schneidezähne (Incisivi), C=Eckzähne (Canini), P 1—4=Vorbackenzähne (Prämolares), M 1—4=Backenzähne (Molares). Inc.=Incisivisation, Can. =Caninisation, Molar.=Molarisation. Schneidezähne weiß, Eckzähne grau, Backenzähne schwarz. Nach Butler 1937 u. nach Friant 1933, verändert.

aken-, Beuteltieren und Zahnwalen oder Milchgebiß bei Gürtel-, Faul-, vielen Nagetieren, Robben und Seekühen) ganz oder weitgehend unterdrückt (Monophyodontie). Die Backenzähne (Molaren) gehören stets dem Milchgebiß an und werden, da sie meist später oder gar erst beim erwachsenen Tier (z. B.

Borstenigel und Goldmulle) durchbrechen, ins Dauergebiß mit übernommen. Eine Ausnahme vom senkrechten Zahnwechsel, bei dem sich der Nachfolger unter dem Vorgänger aus der gleichen Zahnleiste bildet, machen die waagerechten Zahnwechsel von hinten nach vorne teilweise bei Känguruhs, Klippschliefer und Warzenschwein, vollendet bei Elefanten und Seekühen.

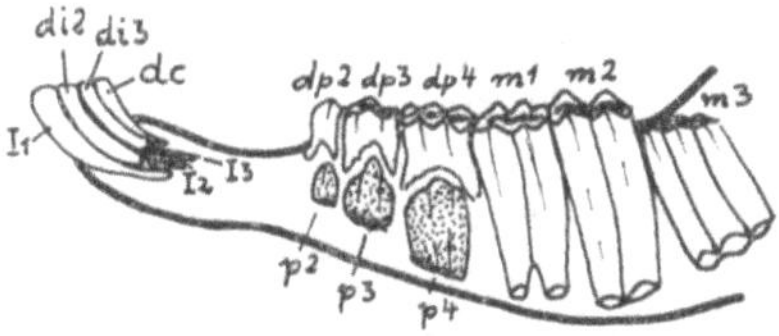

Abb. 59. Zahnwechsel beim Schaf (Unterkiefer, 20 Monate). di 2, di 3= Milchschneidezähne 2 u. 3, dc=Milchedkzahn (schneidezahnförmig), dp 2—4=Milchvorbackenzähne, m 1—3=Dauerbackenzähne, p 2—4=Dauervorbackenzähne, I 1—3=Dauerschneidezähne. Nach Owen 1840—45, verändert.

Im Säugetiergebiß ist die **Z a h n z a h l** beschränkt und jeweils kennzeichnend für die Gattungen und Arten. Außer den Ameisenbeutlern, Gürteltieren, Hunden und Zahnwalen, die vielzähnige Vertreter haben (Ameisenbeutler 52 – 54, Riesengürteltier bis 100, Löffelhund 46 – 50, Langschnauzendelphin rd. 250 Zähne) geht die Zahnzahl nicht über 44 (Schweine, Tapire) hinaus und findet ihre untere Grenze bei 12 (Schwimmratten), 2 (Dögling) oder 1 (Narwal). Zahnlos, d. h. ohne nachgeburtlich durchbrechende Zähne sind die Ameisenigel, Ameisenbären, Schuppentiere und Bartenwale. Die Zähne sind symmetrisch jeweils einreihig beidseitig der Mundhöhlenlängsachse angeordnet (Ausnahme einseitiger Narwalstoßzahn).

Bei der vereinfachten Zahnzahlangabe (**G e b i ß f o r m e l**) geht man vom 44zähnigen Placentaliergebiß aus und gibt die Schneidezähne (Incisivi) mit I, die Eckzähne (Canini) mit C, die Vorbacken- oder Lückzähne (Praemolares) mit P und die Mahl- oder eigentlichen Backenzähne (Molares) mit M wieder. Jeder Zahn einer Gruppe wird (von vorn nach hinten gerechnet) durch eine Ziffer gekennzeichnet (z. B. M 1 = erster Molar). Die Oberkieferzähne werden oberhalb, die Unterkieferzähne unterhalb eines Striches gesetzt und nur die Zähne einer Mundhöhlenhälfte aufgeführt. So lautet die ausführlich geschriebene 44er Dauergebißformel:

$$\frac{I1 \quad I2 \quad I3 \quad C1 \quad P1 \quad P2 \quad P3 \quad P4 \quad M1 \quad M2 \quad M3}{I1 \quad I2 \quad I3 \quad C1 \quad P1 \quad P2 \quad P3 \quad P4 \quad M1 \quad M2 \quad M3},$$

vereinfacht $I\frac{3}{3}\,C\frac{1}{1}\,P\frac{4}{4}\,M\frac{3}{3}$, unter Fortlassen der Buchstaben

$$\frac{1.2.3.1.1.2.3.4.1.2.3 \text{ bzw, } 3.1.4.3}{1.2.3.1.1.2.3.4.1.2.3 \text{ bzw. } 3.1.4.3}$$

und bei Gleichheit von Ober- und Unterkieferzahnreihe 3 . 1 . 4 . 3. Den Sitz eines Zahnes im Ober- oder Unterkiefer deutet man durch Hoch- oder Tiefstellen seiner Platzzahl an, z. B. M^1 oder M_1. Das Durchbrechen der Zähne (Zahnen, Dentition) erfolgt in bestimmter Reihe. Die ausfallenden Milchzähne werden durch kleine Buchstaben, denen man noch ein d (= deciduat, hinfällig) vorstellen kann, gekennzeichnet. Das 44er Milchgebiß hat dann die Formel

$$\frac{id1\ id2\ id3\ cd\ pd1\ pd2\ pd3\ pd4\ M1\ M2\ M3}{id1\ id2\ id3\ cd\ pd1\ pd2\ pd3\ pd4\ M1\ M2\ M3} \text{ oder}$$

$$\frac{i1\ i2\ i3\ c\ p1\ p2\ p3\ p4\ M1\ M2\ M3}{i1\ i2\ i3\ c\ p1\ p2\ p3\ p4\ M1\ M2\ M3}$$

oder $i\frac{3}{3}\,c\frac{1}{1}\,p\frac{4}{4}\,M\frac{3}{3}$.

Aus der Formel geht hervor, daß die Milchgebißmolaren nicht ausfallen und als Dauergebißmolaren bestehen bleiben (s. S. 150). Beim Beutlergebiß, das die ursprüngliche Formel 5 . 1 . 4 . 4 = 56 hat, bleibt das Milchgebiß zeitlebens erhalten und nur p 4 wird ersetzt.

Die meisten Säugetiergebisse haben verschieden gestaltete Zähne (Schneide-, Eck- und Backenzähne) (Hetero- oder Anisodontie). Vereinheitlichen sich die Zahnformen (z. B. Delphin, Gürteltier, Erdferkel), so liegt Homo- oder Isodontie vor. Beißen die Zähne gerade aufeinander, spricht man von Geradgebiß (Orthodontie), schräg Schräggebiß (Klinodontie oder Proclivie), ungleich Ungleichgebiß (Psalidontie) und bei anomaler Zahnvermehrung von Pleodontie. Standort der Schneidezähne ist im Oberschädel stets der Zwischenkiefer, im Unterkiefer dessen Vorderrand. Die bei den Beuteltieren ursprünglich vorhandenen fünf Paar Schneidezähne

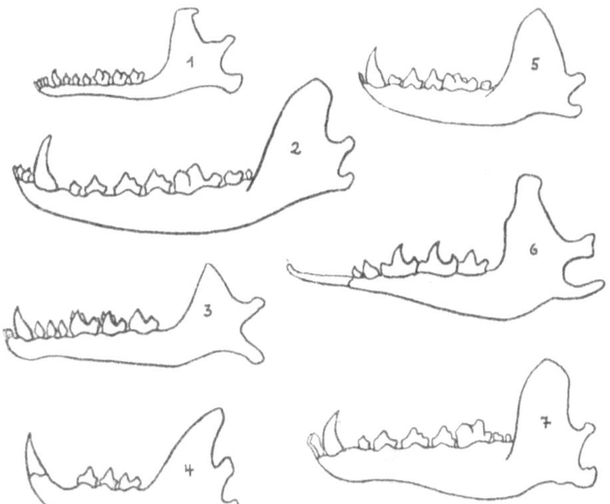

Abb. 60. Greiftypen des Säugetiergebisses, linke Unterkieferhälfte, schematisch. 1=Maulwurf, 2=Fuchs, 3=Langohrfledermaus, 4=Wildkatze, 5=Fischotter, 6=Hausspitzmaus, 7=Wolf. Größenverhältnisse der Arten zueinander nicht berücksichtigt. Nach Kühlhorn 1938, verändert.

(Polyprodontie oder Polyprotodontie) sind beim Wombat zu einem Paar, die ursprünglich drei Paare der Placentalier bei den Nagetieren ebenso vermindert, während sie bei den Ruminantia im Oberkiefer ganz verschwunden sind. Die einwurzeligen Eckzähne stehen im Oberschädel im Oberkiefer (beim

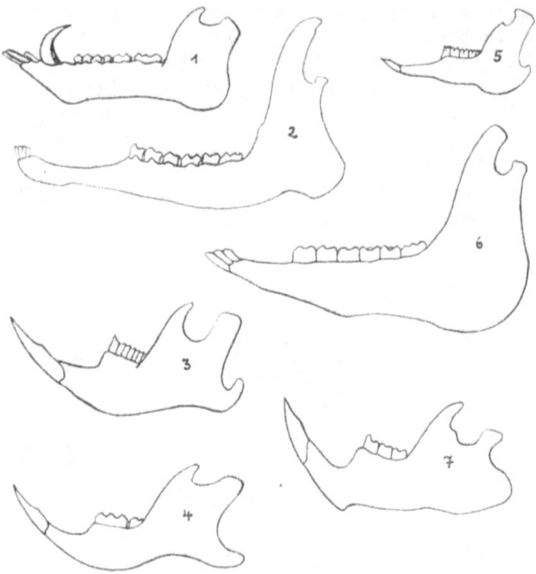

Abb. 61. Kautypen des Säugetiergebisses, linke Unterkieferhälfte, schematisch. 1=Wildschwein, 2=Reh, 3=Wasserratte, 4=Hausmaus, 5=Schneehase, 6=Pferd, 7=Biber. Größenverhältnisse der Arten zueinander nicht berücksichtigt. Nach Kühlhorn 1938, verändert.

Maulwurf im Zwischenkiefer). Sie dienen oft als Waffe und Werkzeug und sind dann verlängert. Seltener sind sie gestalt- und gebrauchsmäßig den Schneidezähnen angeglichen (Unterkiefer der Ruminantia). Oft fehlen sie ganz (Kloakentiere, einige pflanzenfressende Beutler, Hasen-, Nagetiere, Zahnarme, Elefanten, Seekühe, einige Halbaffen, Barten- und einige Zahnwale) oder teilweise (Giraffen, Hirsche, Hornträger, Nashörner). Die im Oberschädel nur im Oberkiefer wachsenden Backenzähne (Lück- und Mahlzähne) bilden meist eine geschlossene Zahnreihe, die jedoch nicht selten vom Eckzahn durch eine Lücke (Diastema) getrennt ist. Bei reinen Greifgebissen (fischfressende Zahnwale und Robben) hat sich die Backenzahnreihe vereinheitlicht und vereinfacht (Homodontie), bei den Zertrümmerungs- und Kaugebissen ist sie ungleich (heterodont). Beim Vordergebiß werden Schnapp- (Hyänenhunde), Rupf- (Pferde, Hornträger), Nage- (Nage-, Hasentiere), Putz- (Pelzflatterer), Hau- (Flußpferde), Stöbergebisse (Narwal) u. a. unterschieden, beim Hintergebiß Säge- (mit sägekantigen Backenzähnen: Känguruhratten), Scheren- (Insektenfresser), Brechscheren- (fleischfressende Raubtiere), Kau- (Schweine, Affen u. a.), Mahl- (pflanzenfressende Beutler, Huf- und Nagetiere), Quetschgebisse (Flußpferde) u. a.

Der R a c h e n , Schlundkopf oder Pharynx ist als hinterer (aboraler) Kopfdarmteil zweigeschossig gebaut. Der weiche Gaumen oder das Gaumensegel (Palatum molle s. Velum palatinum) unterteilt die Rachenhöhle (Cavum pharyngis) fast waagerecht und umfaßt dabei mit den Falten seiner Seitenfortsätze (Plicae palatopharyngicae), die sich aboral zum Schlußbogen (Arcus palatopharyngicus) zusammenfinden, eine über der Kehlkopfkrone gelegene Verbindungsöffnung (Nasen-Kehlrachenöffnung, Ostium intrapharyngicum) zwischen den beiden Rachenhöhlenetagen.

Von letzteren stellt die obere den A t m u n g s - r a c h e n (Pharynx respiratorius) dar. Er verbindet die hintere Öffnung der Nasenhöhle, die Choanen (Ductus nasopharyngici) mit dem Kehlkopf. In den Atmungsrachen mündet jederseits von der Paukenhöhle des Mittelohrs her die Ohrtrompete oder

Eustachische Röhre (Tuba pharyngotympanica s. auditiva) (s. S. 82). Bei einigen Säugetieren ist die Atmungsrachenrückwand taschenartig erweitert zu einer Bursa pharyngea, so bei Schwein, Reh, Braunbär und besonders groß bei der Hufeisennase. Der Kamelhengst bläst in der Brunst eine dehnbare Gaumensegelfalte zum sog. Brüllsack, der blasig aus dem Maul heraustritt, auf.

Die untere Etage der Rachenhöhle nimmt der **Schlingrachen** (Pharynx digestorius) als Übergang von der Mundhöhle zur Speiseröhre ein. Er reicht von den hinteren Backenzähnen bis zum Kehldeckel und gliedert sich in die vordere Rachenenge (Mundrachen, Isthmus faucium), den mittleren Kehlrachen (Trachynx) und den hinteren Schlundrachen (Vestibulum oesophagi).

Im Rachen **kreuzen sich Luft- und Speiseweg** so, daß die Atemluft von den Choanen in der oberen Rachenetage nach hinten unten in den Kehlkopfeingang (Aditus laryngis) strebt, die

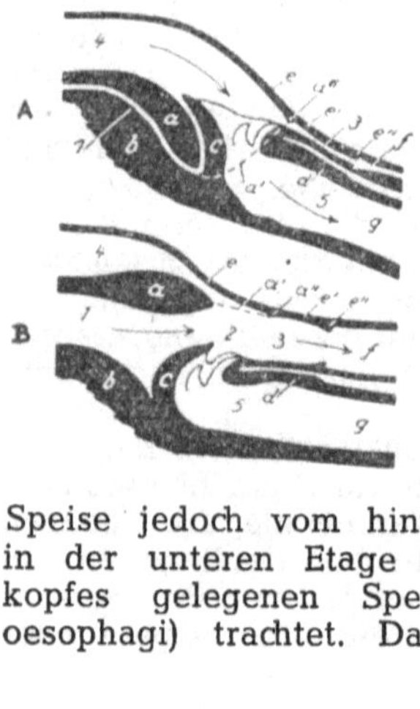

Abb. 62. Schlundkopf eines Säugetieres (Hund) in A Atmungs- und B Schlingstellung. 1=Mundrachen, 2=Kehlrachen, 3=Schlundrachen, 4=Nasenrachen, 5=Kehlkopf, a=Gaumensegel, a' u. a''=Gaumenschlundkopfbogen, b=Zungengrund, c=Kehldeckel, d=Ringknorpelplatte, e=Wirbelwand des Nasenrachens und e' des Schlundrachens, e''=Grenzfalte zwischen Schlundrachen und Speiseröhre, f=Speiseröhre und g=Luftröhre. Nach Zietzschmann & Krölling 1955, verändert.

Speise jedoch vom hinteren Mundhöhlenausgang in der unteren Etage zum oberhalb des Kehlkopfes gelegenen Speiseröhreneingang (Aditus oesophagi) trachtet. Damit Luft und Speise in ihre zuständigen Öffnungen gelangen und vor allem keine Speise in die Luftröhre gerät (Verschlucken), führen der Schlund- und Kehlkopf im Schluckakt bestimmte Bewegungen aus. Dazu helfen die quergestreiften Schlundkopfmuskeln, die teils als Schnürer (Constrictores), teils als Erweiterer (Dilatatores) in der vierschichtigen Rachenwand (Schleimhaut, innere und äußere Sehnenhaut und zwischen letzteren die Muskeln in der Muskelhaut) sitzen und nur im ersten Teil des Schluckens willkürlich gesteuert werden können. Bei diesem Teilakt wird die

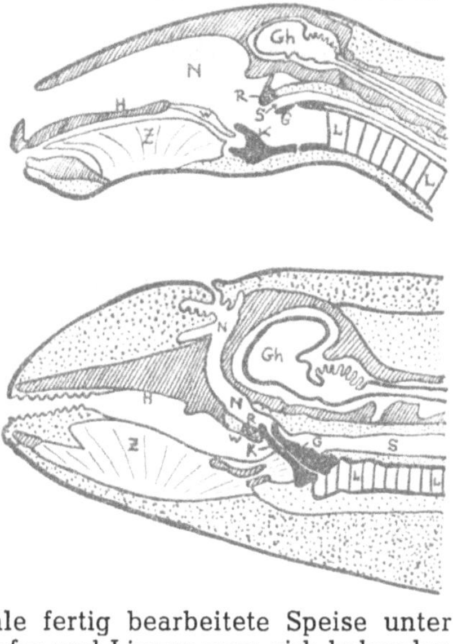

Abb. 63. **Schematischer Längsschnitt durch den Kopf eines Pferdes (oben) und eines Schweinswales (unten), zum Aufzeigen der unmittelbaren Luftröhren-Nasengangverbindung bei den Walen.** G=Gießbeckenknorpel, Gh =Gehirn, H=Harter Gaumen, K=Kehldeckel, L=Luftröhre, N=Nasenhöhle bzw. -gang, R=Ringmuskel um den Kehlkopfschnabel, S=Speiseröhre, W=weicher Gaumen, Z=Zunge. Knochen schräg schraffiert. Größenverhältnisse der Arten zueinander unberücksichtigt. Nach Slijper **1958**, verändert.

in der Mundhöhle fertig bearbeitete Speise unter Schließen der Kiefer und Lippen vom sich hebenden Zungengrund durch die Rachenenge gepreßt. Beim zweiten, unwillkürlichen Teil des Schluckens verhindert der an das Gaumensegel gedrückte Zungengrund eine Rückkehr der Speise in die Mundhöhle,

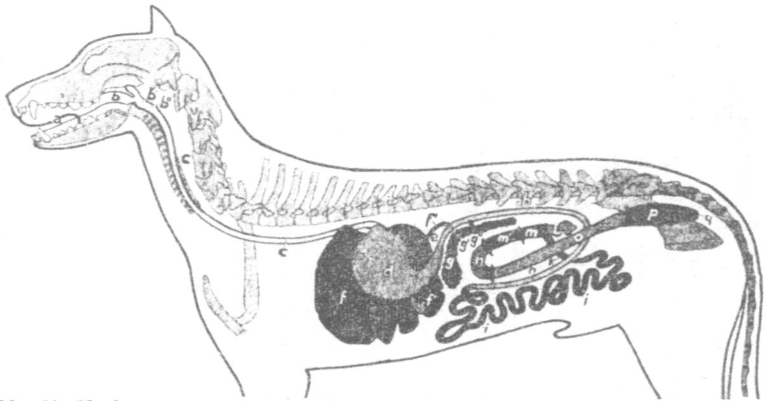

Abb. 64. Verdauungsapparat eines Säugetieres (Hund), schematisch. Speicheldrüsen siehe Abb. 53. a, b=Kopfdarm, a=Mundhöhle, bestehend aus Vestibulum oris und Cavum oris proprium; b, b', b''=Schlingrachen (Pharynx digestorius) mit b Mundrachen (Isthmus faucium), b' Kehlrachen (Trachynx) und b Schlundrachen (Vestibulum oesophagi); c—q=Rumpfdarm: c—d=Vorderdarm; c=Speiseröhre (Oesophagus); d=Magen (Ventriculus, Gaster); f, g=Anhangsdrüsen des Darmes: f=Leber (Hepar, Jecur) mit f'=Gallenblase (Vesica fellea) und f''=Gallengang (Ductus choledochus); g=Bauchspeicheldrüse (Pancreas) mit g', g'' den Ausführungsgängen (Ductus pancreaticus major bzw. minor); h—k=Mitteldarm oder Dünndarm (Intestinum tenue): h=Zwölffingerdarm (Duodenum); i=Leerdarm (Jejunum); k=Hüftdarm (Ileum); l—p=End- oder Dickdarm (Intestinum crassum): l=Blinddarm (Caecum); m—o=Grimmdarm (Colon), bestehend aus m, m'=Colon ascendens, n=Colon transversum, o=Colon descendens; p=Mastdarm (Rectum); q=After (Anus). Nach Nickel-Schummer-Seiferle 1960, verändert.

das so emporgepreßte Gaumensegel und die sich zusammenziehende Rachenenge eine solche in die Choanen. Dabei ziehen die mit dem Zungengrundheben bewegten Zungenbeinmuskeln den Kehlkopf nach vorn unter den Zungengrund, drücken gleichzeitig damit den Kehlkopfdeckel auf die Kehlkopföffnung und ziehen den Speiseröhreneingang erweiternd auseinander. Ein Rücklauf dieser Bewegungen gibt wieder den Atemweg frei. Flüssigkeit und breiflüssige Speise fließen seitlich an der Kehlkopfkrone vorbei, ohne daß der Kehldeckel ganz geschlossen werden muß und ein gleichzeitiges Atmen möglich ist.

Der sich an den Schlundkopf anschließende Vorderdarm reicht vom Speiseröhreneingang bis zum Magenausgang oder Pförtner (Pylorus). Die dreischichtige Wand der der Hinab- und (bei Wiederkäuern) auch Hinaufbeförderung des Speisebreies dienenden Speiseröhre trägt in ihrer inneren Schleimhaut (Tunica mucosa) ein mehrschichtiges Plattenepithel mit eingestreuten, zumindest im Anfangsteil stets vorhandenen alveolären und tubulösen Drüsen. Die mittlere Muskelhaut (Tunica muscularis) beginnt am Schlundkopf mit quergestreifter Muskulatur, die je nach Art verschieden tief zum Magen hinabreicht, um dann von glatter ersetzt zu werden. Bei manchen Raub-, vielen Nage- und Huftieren, vor allem bei den Wiederkäuern ist die ganze Speiseröhrenmuskulatur quergestreift, so daß der Speisebrei willkürlich in die Mundhöhle rückgeschluckt werden kann. Die äußere Bindegewebshaut (Tunica adventitia) verbindet die sehr erweiterungsfähige Speiseröhre beweglich mit der Umgebung.

Der hinter dem Zwerchfell gelegene Magen (Ventriculus, Gaster) ist der sackförmig erweiterte Vorderdarmabschnitt, der die zugeführte Nahrung vorübergehend aufbewahrt, physikalisch und chemisch weiter zum Speisebrei (Chymus) aufbereitet (verdaut) und dann schubweise weitergibt. Er beginnt am Speiseröhrenende mit dem Magenmund (Ostium cardiacum, Cardia) und endet mit dem meist durch einen Ringmuskel betätigten Verschluß (Pförtner, Pylorus) der Durchtrittsöffnung zum Zwölffingerdarm. In ursprünglicher und einfacher Form bildet der Magen einen einhöhligen Sack mit einer einseitig starken Ausdehnung (große Curvatur, Curvatura major) und dem ihr gegenüberliegenden, fast flach zwischen Cardia und Pylorus liegenden Magenrinnengebiet (kleine Curvatur, Curvatura minor). Die Aufblähung der großen Curvatur neben der Magenmündung (Fornix, Fundus) wölbt sich oft erheblich höher, als die Mündung liegt und formt dann einen, meist eine Gasblase (Magenblase) enthaltenden Blindsack (Saccus caecus).

Der e i n f a c h e M a g e n ist ganz mit einer drüsenhaltigen Schleimhaut ausgekleidet. Bleibt jedoch das Mündungsgebiet als sog. Vormagenteil (nicht verdauender Pars proventricularis s. oesophagica) drüsenlos und oft durch einen scharfen Grenzwulst (Margo plicatus) vom übrigen drüsigen verdauenden Teil (Pars intestinalis) abgesetzt, spricht man von einem z u s a m m e n g e s e t z t e n M a g e n . Durch Ausstülpungen bis zu drei gesonderten Vormägen (Proventriculi), wie sie die Wiederkäuer ohne Drüsen, die Schwielensohler mit Drüsen in Pansen (Rumen), Haube oder Netzmagen (Reticulum) und Psalter, Buch- oder Blättermagen (Omasus) gegenüber dem stets drüsigen Labmagen (Abomasus) besitzen, wird der Magen mehrhöhlig. Einhöhlig ist der Magen der Insektenfresser, Raubtiere, Unpaarhufer, Erdferkel, Schuppentiere und der meisten Gürtel-, Nage-, Fledertiere und Affen. Bei der Rundschwanzseekuh und den Walen teilt sich der cardiale Blindsack weitgehend ab, wird bei den letzteren sehr groß und muskulös, bei den Faultieren so lang wie der Magen, bei den Vampyren als Blutspeicher darmartig doppelt körperlang, bei Flußpferden und Nabelschweinen doppelt, beim Koboldmaki dreiteilig und bei den Schlank- und Stummelaffen vielsackig. So sind bei den Säugetieren alle Magenarten zwischen einhöhlig einfach (z. B. Raubtiere), einhöhlig zusammengesetzt (z. B. Einhufer), mehrhöhlig-einfach (z. B. Schwielensohler) und mehrhöhlig zusammengesetzt (z. B. Wiederkäuer) zu finden, wobei geräumige und oft mehrteilige Vormägen vornehmlich dem schnellen Speichern und ersten Aufbereiten großer Futtermengen dienen. Der bis auf einen engumgrenzten

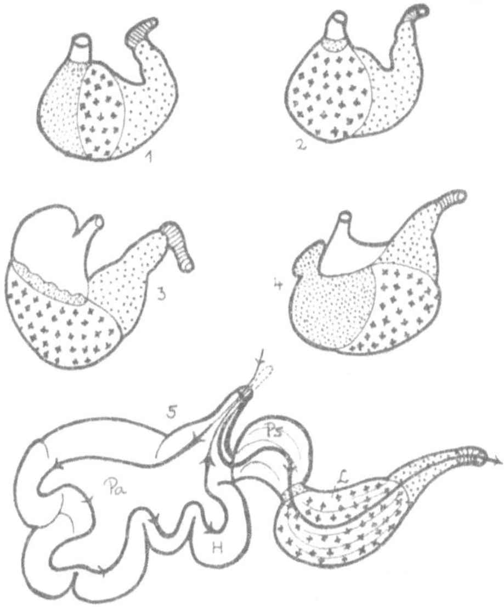

Abb. 65. Mageneinteilung bei verschiedenen Säugetieren. 1=Hund, 2=Katze, 3=Pferd, 4=Schwein, 5=Rind, H=Haube, L=Labmagen, Pa=Pansen, Ps=Psalter. Schleimhautbezirke: weiß=Vormagen mit kutaner Schleimhaut, feinpunktiert=Kardiadrüsenzone, beim Hund ist nur der obere Ring reine Kardiadrüsenzone, der übrige Bezirk Kardia- und Fundusdrüsenmischzone; gekreuzelt=Fundusdrüsenzone; grob punktiert =Pylorusdrüsenzone, schraffiert=Magenausgangszone. Nach Krölling-Grau 1960, verändert.

Drüsenbezirk ganz verhornte muskulöse Schuppentiermagen wirkt als Mühle zum Verreiben der chitingepanzerten Kerbtierbeute.

Je nach Ernährungsweise wechselt auch das Verteilungsverhältnis der Bezirke der drei Magendrüsenarten (Glandulae gastricae), die als tubulöse, zu mehreren in eine Einsenkung (Magengrübchen) der Magenschleimhaut (Tunica mucosa) mündende Einzeldrüsen den Magensaft absondern. Es sind dies einmal die Cardia- und die Pylorusdrüsen (Gl. cardiacae et pyloricae), die ein schleimiges, alkalisches Sekret abgeben und zum anderen die Fundusdrüsen (Gl. gastricae propriae), die in ihren Hauptzellen die Fermente Pepsin und Chymosin (Lab) und in ihren Belegzellen Salzsäure erzeugen. Die Magenschleimhaut ist von einem einschichtigen Zylinderepithel überzogen, das mucoide Schleimzellen enthält, deren salzsäureunlösliche Ausscheidung die Mageninnenwand schützt.

Die von innen nach außen mit Schleimhaut, Muskelhaut (Tunica muscularis) und dem Bauchfell (Tunica serosa) ausgestattete Magenwand zeigt in ihrer Muskelhaut eine äußere Längs- und innere Ringmuskelschicht, die die Mageneigenbewegung (Peristaltik) bewerkstelligen. Die Ringmuskelschicht, zu der auch der (manchmal doppelte) Pylorusringmuskel gehört, fehlt im Fundusbereich und wird dort durch eine, auch den unterhalb des Fundus sich erstreckenden Magenkörper (Corpus ventriculi) mit überziehende Lage innerer Schrägmuskelfasern (Fibrae oliquae internae) vertreten. Diese Fasern wulsten sich an der kleinen Curvatur zu den beiden Magenrinnenlippen auf, die auch den Mageneingang als Cardiamuskelschleife umfassen und so einen Teil des Magenmundschließers (Musculus sphincter cardiae) stellen. Die Peristaltik setzt sich hauptsächlich aus gleichzeitig vom Magenmund zum Pförtner verlaufenden Einschnürungswellen der Ringmuskulatur und magenverkürzenden Zusammenziehungen der Längsmuskulatur zusammen. Beim mehrhöhligen Wiederkäuermagen der Ruminantia entsprechen die Muskelverhältnisse von Pansen und Haube ungefähr denen von Fundus und Corpus und die von Psalter und Labmagen denen des Pylorusteils des einhöhligen Magens. Es kann zwar jeder Vormagen selbständig Eigenbewegungen ausführen, doch sind im Arbeitsgang Pansen und Haube in ihrer Rhythmik eng aufeinander und auf sie wiederum ist der Psalter mit abgestimmt, während der Labmagen seine eigene Motorik hat, die der des einhöhligen Magens ähnelt.

Die im Munde zerkaute und durch den Speichel anverdaute Nahrung wird im Magen weiter aufbereitet, indem die Salzsäure die Eiweißstoffe aufquillt und die Speicheldiastase zusammen mit den Fermenten der Magendrüsen des Dünndarminhalts und der Nahrungsstoffe sowie den Bakterienenzymen die Eiweiße und Kohlehydrate abbaut. Die Fette und Wasser wandern größtenteils unverändert in den Dünndarm weiter. Außerdem vermag die Magenschleimhaut Vitamine aufzunehmen. Je nach Ernährungsweise und damit Beschaffenheit der Hauptnahrung wechseln Fermentgehalt des Speichels, Zusammensetzungsanteile des Magensaftes (vor allem sein Salzsäuregehalt) und die Zahl und Artzusammensetzung der Bakterien. Bei den Fleischfressern steht der Abbau der Eiweiße, bei den Pflanzenfressern der der Kohlehydrate im Vordergrund.

Beim Wiederkauen wird das bereits einmal gekaute und abgeschluckte Futter reflektorisch aus dem Magen wieder hochgewürgt (Rejektion) und nochmals gründlich eingespeichelt und zerkleinert. Es tritt nur bei Pflanzenfressern auf, die dadurch die großen Zellulosemengen für weiteres mikrobielles Bearbeiten durch magenbesiedelnde Bakterien und Einzeller aufbereiten. Das Wiederkauen wurde innerhalb der Säugetiere mehrmals und unabhängig von der Magenform erworben, denn es üben sowohl die Känguruhs und Schliefer mit einhöhligem Magen (der der ersteren ist allerdings teilweise grimmdarmartig sacculiert) als auch die Wiederkäuer im engen Sinne (Ruminantia) und die Schwielensohler (Tylopoda), deren mehrhöhlige Mägen verschiedenartig gebaut sind. Vermutlich kaut auch der Nasenaffe als Angehöriger der mit mehrteiligen Mägen versehenen Blätterfresseraffen wieder. Unabhängig vom Wiederkäuen ist das Erbrechen zu betrachten (Emesis, Emesia, Vomitus, Reingestion). Es dient entweder reflektorisch einem schützenden Entleeren unbekömmlichen oder schädigenden Mageninhaltes oder dem willkürlich eingeleiteten reflektorischen Wiederausspeien von im Magen beförderter Nahrung (z. B. beim Fraßvorwürgen für die Jungen der Raubtiere). Fleisch- und Allesfresser können meist leicht erbrechen, Pflanzenfresser meist gar nicht oder nur sehr schwer.

Der vom Magenausgang (Pylorus) bis zum After (Anus) (beide mit Ringschließmuskel) reichende Darmkanal (Intestinum) schließt mit Hilfe des Saftes der Bauchspeicheldrüse, der Leber und der darmeigenen Drüsen sowie der Darmfloratätigkeit den Speisebrei weiter auf, entnimmt ihm die vom Körper benötigten Nährstoffe, scheidet den unbrauchbaren Rest aus und füllt durch Wasserabgabe die Zwischenzellflüssigkeit des Körpers auf. Gemäß seiner wechselnden Weite unterteilt sich der Darmkanal in einen am Magen ansetzenden Dünn- oder Mitteldarm (Intestinum tenue), dem die chemische

→

Abb. 66. Dünndarm-Querschnitt, schematisch. 1=Zotte mit Nervennetz, 2=zentrales Chylusgefäß einer Zotte mit glatten Muskelzellen, 3=Lieberkühnsche Drüsen, 4=Muscularis mucosae, 5=Plexus submucosus, 6=Submocosa, 7 u. 9=Lymphgefäßplexus, 8=Ringfaserschicht der Muscularis propria, 10=Ganglienzellen des Plexus myentericus, 11=Längsfaserschicht, 12=Serosa. Die beiden linken Zotten tragen Blutgefäße, und zwar die äußerste Venen, die andere Arterien. Nach Kolb 1963, verändert.

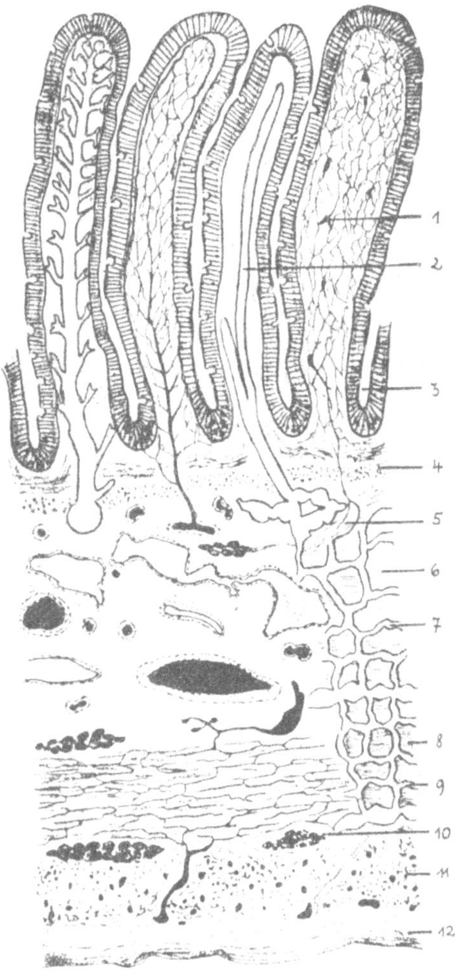
1
2
3
4
5
6
7
8
9
10
11
12

Verdauung und die Nährstoffaufnahme (Resorption) zufällt und einen von ihm durch eine verschließbare Öffnung (Ostium iliocaecocolicum) abgesetzten Dick- oder Enddarm (I. crassum), dem vor allem die Ausscheidung der Nahrungsreste, ferner die anorganischer Salze (Calcium, Magnesium), von Harnstoff, Harnsäuren, Purinbasen und Metalle, auch körperfremder (Blei, Kupfer, Nickel, Kobalt, Quecksilber, Radium und Mangan), seltener dazu auch noch Verdauung und Resorption (wie z. B. bei den Equiden) obliegt. Jeder der beiden Hauptdarmabschnitte gliedert sich wiederum in drei Unterabschnitte, der Dünndarm in Zwölffinger-, Leer- und Krumm- oder Hüftdarm (I. duodenum, jejunum et ileum), der Dickdarm in Blind-, Grimm- und Mastdarm (I. caecum, colon et rectum). Diese allgemein übliche Einteilung darf nicht darüber hinwegtäuschen, daß es oft schwierig ist, nicht nur von einer Säugetierordnung zur anderen, sondern auch innerhalb einer solchen, Darmabschnitte als gleichartig (homolog) zu erkennen, da die Bauweise stark abändern kann.

Von den drei D a r m w a n d s c h i c h t e n , äußerer Bauchfellüberzug (Tunica serosa), mittlerer Muskelhaut (T. muscularis) und innerer Schleimhaut (T. mucosa), scheidet letztere Verdauungssäfte aus und saugt Nährstoffe auf, während die Muskelhaut mit ihrer dicken inneren Ringmuskelschicht und dünnen äußeren Längsmuskelschicht in peristaltischen Bewegungen den Darminhalt weiterbefördert.

Die Oberfläche der Schleimhaut, die mit einer einschichtigen Lage hoher Zylinderzellen als Epitheldecke und mit Darmeigendrüsen (Glandulae intestinales) versehen ist, wird sowohl durch Faltung als auch durch dicht nebeneinander ins Lumen des D ü n n d a r m s vorspringende (bis zu 1 mm lange) Z o t t e n (Villi intestinales) außerordentlich vergrößert (bei der Katze z. B. rd. 4500 Zotten je cm^2). Die unter der Epitheldecke aus einem mit glatten Muskelzellen, Blut- und Lymphgefäßen durchsetzten Gitterfasergewebe bestehenden Zotten befördern durch abwechselndes Zusammenziehen und Strecken wie kleine Pumpen (Zottenpumpen) die in Blut und Lymphe aufgenommenen Nährstoffe in den venösen Ablauf, der zur Pfortader führt (s. S. 101). Die D a r m e i g e n d r ü s e n sind eingesenkte gerade Schlauchdrüsen (Lieberkühnsche Drüsen), die die

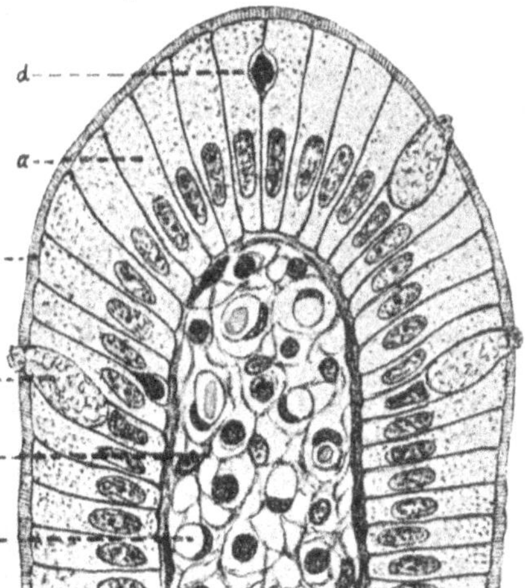

Abb. 67. Längsschnitt durch die Kuppe einer Darmzotte des Pferdes. a=Zylinderzelle des Oberflächenepithels, b=deren Saum, c=Becherzelle, d=Leukozyten, e=reticuläres Zottengewebe, f=Blutkapillare. Nach Krölling-Grau 1960, etwas verändert.

Darmsaftfermente (Proteasen, Esterasen, Nucleasen und Carbohydrasen zum Eiweiß-, Fett-, Nuclein- und Kohlehydratabbau) erzeugen. Im Dünndarmanfangsteil stehen zusätzlich auch noch geknäuelte tubualveoläre Submucosa- oder Brunnersche Drüsen. Sie überziehen ihren Dünndarmabschnitt mit einem zähen Schleim zum Schutz gegen die Säure des aus dem Pförtner kommenden Speisebreies (Chymus).

Der erste Dickdarmabschnitt, der Grimmdarm, zieht sich meist in auf- und absteigenden Schenkeln (Colon ascendens, transversum et descendens) zum gestreckten Enddarm (Mastdarm, Rectum) hin (Raub-, Nage-, Huftiere, Bartenwale, Affen). Bei Nagetieren und Wiederkäuern ist das Colon ascendens vielfach stark verlängert in Schleifen oder in eine große Spirale gelegt, bei Halbaffen desgleichen das Colon transversum. Am Dünndarmansatz des Dickdarms stülpt sich oft eine blind endigende Erweiterung als Blinddarm (Coecum) aus, der manchmal (z. B. Hase, Mensch) in einen verengten Wurmfortsatz (Processus vermiformis) ausläuft. Etliche Säugetiere haben keinen Blinddarm (Raubbeutler, Schuppen-, Faul-, einige Gürteltiere, Schläfer, die meisten Insektenfresser, Fledertiere, Zahnwale, ferner Flußpferd, Kleinbären, Bären und Marder). Bei anderen Gruppen vergrößert er sich, z. B. ampullig bei einigen Nagern, sakkuliert bei Einhufern und vielen Nagern, spiralig aufgewunden bei Hunden und vielen Nagern, oder er ist sogar verdoppelt (einige Ameisenbären und Gürteltiere, Rundschwanzseekuh), oder er tritt in dreifacher Form auf (Schliefer).

Bei den Fleisch- und sich fleischlich ernährenden Allesfressern beendet der nur mit Schleimdrüsen ausgestattete Dickdarm die im Dünndarm bereits größtenteils durchgeführte Verdauung mit Hilfe der vom Dünndarm mitgekommenen Fermente und einer vielartigen Bakterienflora und dickt den Darminhalt durch Wasserentzug zum Kot ein. Die Bakterien bauen vor allem Eiweiße ab, vergären nur in geringem Maße Kohlehydrate und setzen Vitamine für den Wirtsorganismus zusammen. Bei Pflanzenfressern mit einhöhligem Magen (z. B. Schweine, Unpaarhufer, Schliefer, Elefanten, Hasen- und Nagetiere) bildet der nur mit Schleimdrüsen besetzte Dickdarm durch Vergrößerung oder in seinem Blinddarm Gärkammern zur bakteriellen Zellulosezerlegung und Vitaminsynthese aus und ersetzt damit die Vormägen der Tylopoden und Ruminantia. Blinddarmbesitzende Hasen- und Nagetiere bilden einen eigenen Blinddarmkot (Cycotrophe) mit erhöhtem Eiweiß- (Bakterieneiweiß-) und Vitamingehalt, der unabhängig vom übrigen Darmkot abgegeben und sofort wieder gefressen wird, da er zur Gesunderhaltung meist unbedingt notwendig ist.

Die Größe der aufbereitenden (verdauenden) und aufsaugenden inneren Darmoberfläche hängt zwar vom Verhältnis der einzelnen Darmabschnitte untereinander ab, drückt sich aber bereits oft durch die Gesamtlänge des Darms allein aus. Ist sie doch auf die Beschaffenheit der Hauptnahrung abgestimmt, da meist zellulosereiche (Pflanzen-)Nahrung eine größeren Fläche erfordert als eiweißreiche (Fleisch-)Nahrung. Das durchschnittliche Verhältnis von 7,5facher Körperlänge des Darms bei Säugetieren wechselt in obiger Hinsicht im einzelnen von nur zweifacher bei der insektenfressenden Klappnase (Rhinopoma, Fledertier) bis zu zwanzigfacher beim pflanzenfressenden Rinde. Doch zeigt die große Abänderung dieser Verhältniszahl innerhalb der (carnivoren) Zahnwale von 4 zu 15- und sogar 32-fach, daß die obige Regel erheblich durchbrochen sein kann.

Die Leber (Hepar, Jecur) ist eine der beiden großen Anhangdrüsen des Dünndarms, die unweit des Pförtners ihren Ausführgang in den Zwölffingerdarm sendet. Sie liegt als größte Drüse des Säugetierkörpers abgeplattet vorwiegend rechts von der Mittellinie des Körpers an der Zwerchfellseite der Bauchhöhle, lehnt sich mit ihrer schwach gewölbten (konvexen) Vorderfläche (Facies diaphragmatica s. parietalis) ans Zwerchfell an und mit ihrer leicht ausgehöhlten (konkaven) Hinterfläche (Facies visceralis) an die Eingeweide Magen, Darm und rechte

Niere. Vom Bauchfell glatt und glänzend überzogen, ist sie von derbfester, elastischer Beschaffenheit und an alle starken Rumpfbewegungen anpassungsfähig. Auf der Eingeweideseite trägt sie in einer Querfurche die Leberpforte (Porta hepatica), in der in einer Bindegewebshülle (Capsula fibrosa s. Glissoni) Pfortader (Vena portae), Leberarterie (Arteria hepatica), Lymphgefäße (Vasa lymphacea) und Nerven (Plexus hepaticus) in sie eintreten und die Gallengänge (Ductus biliferi) aus ihr herausführen. Letztere vereinigen sich zum Hauptgallengang (Ductus hepaticus), zeigen den sich zur birnenförmigen Gallenblase (Vesica fellea) erweiternden Nebengang (Ductus cycticus) ab, um dann als Ductus choledochus in den Zwölffingerdarm zu münden. Der Verlauf dieses außerhalb der Leber gelegenen Gallengangssystems ist großen individuellen und artlichen Abänderungen unterworfen. Die Gallenblase dient als Speicher z. Zt. nicht gebrauchter Galle. Sie fehlt den Mäusen, dem Dreizehenfaultier, den Walen, Seekühen, Klippschliefern, Elefanten, Unpaarhufern, Kamelen, Giraffen und Hirschen.

Die Leber kann eine geschlossene Form aufweisen (z. B. Mensch, Schimpanse, Rind, Schaf, Ziege, Gemse, Giraffe, Delphin u. a.) oder gekerbt (z. B. Pferd) oder in einige bis mehrere Lappen (Lobi) unterteilt sein (z. B. Schnabeligel, Igel, Gürteltier, Katze, Hund, Bär, Seehund, Ziesel, Ratte, Maus, Schwein, Meerkatze u. a.). Bei jungen Tieren ist sie größer als bei erwachsenen, bei Kleinsäugern im Verhältnis zum Gesamtkörper größer als bei Großsäugern (Anteil des Lebergewichtes am Körpergewicht z. B. bei der Maus $^1/_{14}$, beim Pferd $^1/_{72}$), womit bereits angezeigt ist, daß das Verhältnis von Art zu Art wechselt.

Durch die Pfortader erhält die Leber das von ihr zu bearbeitende venöse Blut (funktionelles Gefäßsystem) aus Darm, Magen, Milz und Bauchspeicheldrüse, durch die Leberarterie das sie ernährende Blut. Damit hat die Leber gleich der Lunge einen doppelten Kreislauf (s. S. 101). Das aus beiden Systemen abgehende Blut gelangt durch die Lebervenen (Venae hepaticae) in die hintere Hohlader (Vena cava caudalis).

Die Leber besteht aus vieleckigen Zellen (Leberzellen, Cellulae hepaticae), von denen die den Blutsinoiden anliegenden als Uferzellen oder Kupfersche Zellen (Cellulae litorales hepatis) zum reticuloendothelialen System gehören und geformte Verunreinigungen aus dem Blut in sich aufnehmen (phagocytieren) können. Die Zellen setzen sich zu einschichtigen Platten (Laminae hepatis), die durchlöchert sind (Lochplatten), zusammen. Die Lochplat-

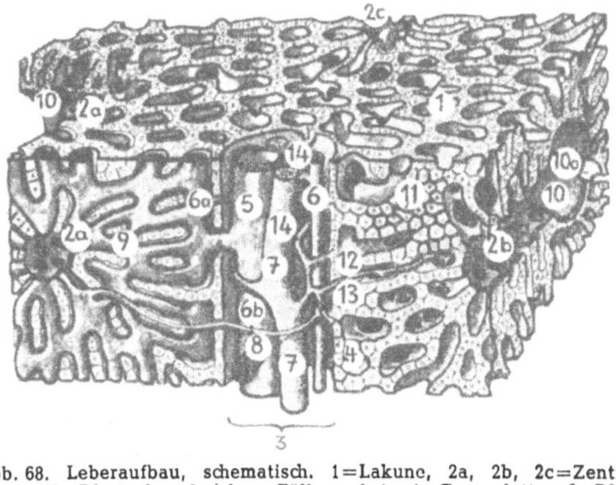

Abb. 68. Leberaufbau, schematisch. 1=Lakune, 2a, 2b, 2c=Zentralvenen, 3=Pfortenkanal (ohne Füllgewebe), 4=Grenzplatte, 5=Pfortaderzweig, 6=Leberarterienzweig, 6a=arterielle Kapillare in einen peripheren Sinusoid einmündend, 6b=arterielle Kapillare nahe der Zentralvene einmündend, 7=Gallengang, 8=Einlaßvenole, 9=Sinusoid, 10=Sublobularvene und 10a=darin einmündende Lakune, 11=Gallekapillare innerhalb einer Leberzellplatte, 12=Gallekapillare an der Oberfläche einer Zellplatte, 13=intralobuläre Cholangiole, 14=Cholangiole im Pfortenkanal. Nach Elias 1953 u. Lipp 1958, verändert.

ten umschließen Hohlräume (Lakunen, Lacunae hepaticae) und gehen dadurch fließend ineinander über zu einem einschichtigen, durchlöcherten Plattennetz- oder Mauerwerk (Muralium simplex), in dem die Lakunen durch die Plattenlöcher ein zusammenhängendes Leberlabyrinth (Labyrinthus hepatis) darstellen. Muralium und Labyrinth durchziehen einheitlich die ganze Leber bzw. einen ganzen Lappen. Die bisherige Einteilung in Leberläppchen (Lobuli) beruht auf falscher Deutung degenerativer Ersatzfaserzüge. Zwischen den Rückwänden der Uferzellenschalflächen verlaufen festwandige kleine Gallenkanälchen, die alle untereinander verbunden sind und ein das Muralium versteifendes Netzgerüst ausmachen. Sie sammeln sich in sich vergrößernden Kanälen bis zum abführenden Gallengang hin.

In den Lakunen verlaufen die Gefäße und münden in den kleinsten Lakuneneinheiten, den Sinusoiden, die mit flachen Uferzellen verschalt sind. Zwischen den Rückwänden der Uferzellenschalwände und den Leberzellenplatten erstrecken sich schmale Spalträume (Perisinusoidal- oder Dissesche Spalträume), in die kleine Zotten (Microvilli) der Leberzellenoberfläche hineinragen. Pfortader und Leberarterie verästeln sich miteinander in gleiche Versorgungsgebiete. Beide haben keine Quergefäße (Anastomosen) zwischen sich und untereinander. In entgegengesetzter Richtung verlaufen die Venenwürzelchen und -wurzeln zu den herausführenden Sammelstämmen der Lebervenen. Die Sinusoide stellen für alle drei Systeme die Verbindungsräume, in denen durch die Uferzellen das Blut gereinigt wird (Filtereigenschaft der Leber), Nähr- und Rohstoffe an die Zellen herangebracht und außer der Galle die Lebererzeugnisse abtransportiert werden.

Als eine Art Groß- und Zentrallaboratorium des Körpers erfüllt die Leber eine Vielzahl von Aufgaben, von denen Blutaufbau, -reinigung und

-speicherung, Entgiftung, Stoffwechselregelung und Galleerzeugung die wichtigsten sind.

Beim Keimling bildet die Leber Erythroblasten, die nachgeburtlich vom Knochenmark erzeugt werden. Die Uferzellen wirken als Reiniger (s. oben). Schädliche Verbindungen werden in der Leber entschärft oder ganz abgebaut. Die in Ruhe befindliche Leber kann Blut speichern und im Bedarfsfall (ähnlich der Milz) abgeben.

Die dem Blut durch die zeit- und mengenmäßig schwankende Nahrung ungleich zugeführten Stoffe (Kohlehydrate, Fette, Eiweiße, Vitamine, Spurenstoffe) werden in der Leber durch Speicherung oder Umwandlung so gehandhabt, daß sie dem Körper stetig und gleichmäßig zur Verfügung stehen. In Bezug auf die K o h l e h y d r a t e wird der Blutzuckerspiegel durch die Leber in physiologischen Grenzen gehalten, Monosaccharide durch Insulin zu Glykogen aufgebaut und dieses gespeichert und bei Bedarf durch Glykagon (gleich dem Insulin aus der Bauchspeicheldrüse stammend) wieder abgebaut. Notfalls wird Glykogen auch aus Milchsäure, Eiweiß- und Fettabbauprodukten synthetisiert. In Bezug auf die F e t t e ist die Leber die Zentrale für den Lipoid- und Neutralfettestoffwechsel, doch werden Fette in der Leber nur bei Pflanzenfressern in stärkerem Maße gespeichert. In Bezug auf die E i w e i ß e ist die Leber der Haupterzeuger der Blutplasmaeiweiße Albumin, Fibrinogen, Globulin, Prothrombin und Heparin. Der Aminosäurenspiegel des Blutes wird durch Umwandlung von Aminosäuren zu Eiweißen, deren Speicherung oder Wiederabbau geregelt. Für die nicht essentiellen Aminosäuren gibt die Leber den Ausgleich, während die essentiellen in der Leber teilweise abgebaut werden. Auch für die V i t a m i n e A, B-Komplex, D und E ist die Leber der Regulator, der für gleichmäßige Abgabe sorgt und Übermengen abbaut und ausscheidet. Ebenso ist die Leber Speicher für die

Spurenstoffe Eisen, Kupfer, Mangan und Zink. Schließlich hilft die Leber auch beim Hormonhaushalt regelnd mit, indem sie durch die Nahrung (parental) zugeführte oder eigenerzeugte Übermengen abbaut (inaktiviert) und ausscheidet. Es handelt sich dabei besonders um Oestrogene, Testeron, Progesteron, Corticosteroide, Thyroxin, Insulin, Cholesterol, Vasopressin und ACTH (Adrenocorticotropes Hormon).

Die von der Leber erzeugte Galle enthält Gallensäuren und -salze als Verdauungshilfsstoffe zur Emulgierung, damit Wasserlöslichkeit und Lipasenangreifbarkeit der Fette im Dünndarm. Außerdem ist die Leber nach der Niere das wichtigste Ausscheidungsorgan, weil sie außer Hormonen (s. oben) auch die Hämoglobinzerfallstoffe Biliverdin bzw. Bilirubin (Gallenfarbstoffe) und den in ihr zur Ammoniakneutralisierung aufgebauten Harnstoff sowie Harnsäure (z. B. Hippursäure der Pflanzenfresser) ins Blut ausscheidet (exkretiert).

Die Bauchspeicheldrüse oder der Pankreas ist die zweite große Anhangsdrüse des Zwölffingerdarms. Sie liegt zwischen letzterem und Wirbelsäule beckenwärts von Leber und Magen und wird bei den Arten, die eine Duodenumschlinge haben, teilweise von dieser umfaßt. Die Form des Pankreas ist sehr unregelmäßig und artlich sehr verschieden. Meist lassen sich ein Mittelstück (Corpus pancreatis) und zwei Flügel oder Lappen (Lobus dexter s. duodenalis et Lobus sinister) unterscheiden. Die Flügel können auch die Pfortader umschließende Fortsätze aussenden (Pfortaderring, Annulus venae portae). Die Drüse kann aus zwei getrennten Anlagen zusammenwachsen, daher können auch zwei Ausführgänge (Hauptgang, Ductus pancreaticus major s. Wirsungi, und Nebengang, D. p. minor s. accessorius s. Santorini) vorhanden oder einer davon rückgebildet sein. Der Hauptgang mündet zusammen mit dem Gallengang in der Papilla duodeni in den Zwölffingerdarm.

Die wie eine Kopfspeicheldrüse aus tuboalveolären Sekretröhrchen-Läppchen traubig zusammengesetzte und von Bindegewebe locker zusammengehaltene Bauspeicheldrüse liefert die (Eiweiße, Fette und Kohlehydrate abbauenden) Vorfermente für die Verdauungsarbeit des Darmes und ist damit die wichtigste Verdauungsdrüse. An eiweißlösenden (proteolytischen) Fermentvorstufen sind es Trypsinogen, Chymotrypsinogen und eine Carboxypolypeptidase, deren Tätigkeit durch die von der Dünndarmschleimhaut ausgeschiedene Enterokinase in Gang gesetzt wird. Die fettaufarbeitende Lipase wird im Darm durch Gallensäuren aktiviert (s. S. 174), während eine Amylase, die der des Speichels ähnelt, dem Stärke- und Glykogenabbau dient.

Außer den Sekretröhrchen beherbergt die Bauchspeicheldrüse zerstreut verteilt noch zahlreiche, kleine hormonerzeugende Zellhaufen, die Langerhansschen Inseln. Sie machen rd. 2—3 % der Drüsenmasse aus und bestehen zu rd. 1/5 aus Glukagon liefernden α-Zellen und zu rd. 4/5 aus Insulin herstellenden β-Zellen. Glukagon und Insulin wirken im Kohlehydratstoffwechsel als Gegenspieler (s. S. 173), eine Störung ihres Gleichgewichtes ruft Zuckerkrankheit (Zuckerharnruhr, Diabetes mellitus) hervor.

Ausscheidungssystem

Stoffwechselschlacken, deren Ansammlung den Körper schädigt, werden durch Haut, Speicheldrüsen, Lunge, Leber, Darm und Niere ausgeschieden (exkretiert). Die Haut scheidet größtenteils durch Schweißdrüsen, organische und anorganische Stoffe aus. Schweißdrüsen fehlen nach bisherigen unvollständigen Untersuchungen der Ziege, Ratte und Maus, dem Zweizehenfaul- und Schuppentier, dem Goldmull, den Seekühen und den Walen. Bei

Mensch, Affe, Flußpferd, Pferd und Schaf verteilen sie sich fast über die ganze Haut, bei Katze, Hund und vielen Nagetieren sitzen sie nur an den Zehenballen bzw. Sohlen, beim Kaninchen fast nur an den Lippen, beim Schwein nur an der Rüsselscheibe, beim Rind nur am Maul. Der gewöhnliche Transpirationsschweiß enthält Wasser, Kochsalz, Kalium, Calcium, Magnesium, teilweise auch Eisen, ferner Phosphate, Sulfate, Eiweiß, Fettsäuren, Harnstoff, Harnsäure, Ammoniak und unter Umständen auch körperfremde Stoffe (Alkohol, Pharmaka). Die Speicheldrüsen mancher Säuger (Pferd, Rind, Hund, Mensch) scheiden wie der Harn Rhodanid (Thyocyanat) als Natriumsalz (Natriumcyanid) und das Entgiftungsprodukt des Rhodanwasserstoffes (Rhodanwasserstoff- und Thyocyansäure) aus. Die Lunge scheidet Kohlensäure und Wasser aus, die Leber Galle, Hämoglobinzerfallstoffe, Hormone, Harnstoff und Harnsäure (s. S. 174) und der Darm außer unverdaulichen Nahrungsresten, Wasser, Salze, Harnstoff, Harnsäure, Purinbasen und Metalle (s. S. 166). Wichtigstes Ausscheidungsorgan ist jedoch die Niere (s. unten).

Bei den Ausscheidungsstoffen (Exkreten) ist zwischen unmittelbaren (primären) und zusammengesetzten (sekundären) zu unterscheiden. Zu ersteren gehören einmal die Stoffwechselenderzeugnisse Kohlendioxyd, Wasser, anorganische Salze, Schwermetalle, Sulfate, Phosphate, Jod, Silicium, Ammonik, Harnsäure, Kreatinin, Trimethylanin u. a., zum anderen nicht abbaufähige körperfremde Stoffe (z. B. pflanzliche Aromastoffe oder in zu großer Menge aufgenommene Vitamine, Hormone und Enzyme), sowie ferner aus Stoffwechselunvollkommenheit zwangsläufig mit abgeschiedene Stoffwechselbausteine (z. B. Zucker, Aminosäuren, Fettsäuren u. a.). Zu den sekundären Exkreten sind Stoffe zu rechnen (darunter auch primäre), die schädlich oder giftig wirken, dazu oft schwer löslich sind und deshalb durch Oxydation, Reduktion, Methylierung oder Acetylierung ihrer Lipoidlöslichkeit als Zelleindringungsbedingung beraubt oder durch Koppelung neutralisiert und wasserlöslicher oder fermentativ zu neuen Stoffen aufgebaut werden müssen, um ausscheidungsfähig zu sein. So wird z. B. das aus dem Eiweißabbau stickstoffhaltige, giftige, da leicht zellwanddurchdringende und blutkörperchenzersetzende freie Ammoniak eigens in der enzymatischen Harnstoff- und Harnsäuresynthese gebunden und damit schadlos ausscheidbar. Harnstoff ist wasserlöslich und wird deshalb in flüssigem Harn exkretiert, erfordert damit aber auch viel Wasser aus dem Körper. Harnsäure dagegen ist fast unlöslich und kristallisiert unter Rückresorption des Wassers aus. Säugetiere scheiden (gleich Lurchen und Fischen) hauptsächlich Harnstoff und nur wenig Harnsäure (die aus Nukleinsäuren entsteht) aus, Vögel und Kriechtiere jedoch vor allem Harnsäure, die mangels einer Harnblase in der Kloake als weißliche Aufschwemmung dem dunklen Kot beigegeben wird.

Der in der Leber aus dem Stickstoff der Aminosäuren zum Neutralisieren des Ammoniaks aufgebaute und ins Blut gegebene Harnstoff (s. S. 174) wird durch ein eigenes, in den Kreislauf eingeschaltetes Filterwerk, das zugleich auch durch Wasser- und Salzentnahme den Wasserhaushalt (Ionenkonzentration, inneres Millieu) regelt, großenteils aus dem Blut herausgeholt und aus dem Körper gebracht. Ein Rest verbleibt jedoch als wichtiger Millieuregulator im Körper. Dieses Filter- und Ableitungswerk liefern die Harnorgane (Organa uropoëtica) oder der Harnapparat, bestehend aus den Nieren als Filter und dem Harnweg mit Nierenbecken, Harnleiter, Harnblase und Harnröhre als Ableiter.

Grundbausteine der N i e r e (Ren, Nephros) ist das Nephron, ein kugeliges Nieren- oder Malphigisches Körperchen (Corpus renalis), das mit einer doppelwandigen, eingestülpten Hohlkugel, der Bowmanschen Kapsel, ein lappiges Blutkapillarenknäuel (Glomerulum) umfaßt. Die Kapselwände setzen sich in ein Röhrchen, ein Nierenkanälchen (Tubulus) fort, das — von einem Gefäßnetz umflochten — den vom Nierenkörperchen abgefilterten Harn ableitet. Mehrere Hunderttausende oder Millionen solcher Nierenkörperchen bauen eine Niere auf.

Vermutlich zerfiel ursprünglich bei den niederen Wirbeltieren an jeder Rumpfseite ein mesodermales Gewebeband segmental in eine Reihe kleiner Nierenkörper (Nephrotome) mit je einem ableitenden Röhrchen (Tubulus), die sich an einen gemeinsam zur Kloake führenden Sammelgang (Urnierengang, Wolffscher Gang, primärer Harnleiter, Ductus deferens oder pro- oder mesonephridicus) anschlossen, worauf sich dann noch die Gänge beider Seiten vor der Kloake vereinigten. An dieser alle Rumpfsegmente erfassenden Anlage einer Gesamtniere (Holonephros) bildeten die vorderen Nephrotome die Vorniere (Pronephros), die übrigen die Hinterniere (Opisthonephros). Stammesgeschichtlich wurde der Holonephros bereits früh abgewandelt durch Ausschalten des Pronephros, ungleiche Tubulivermehrung im Opisthonephros und Benutzen des Urnierenganges zur Samenableitung.

Beim Säugetierkeimling ist die Vorniere (Pronephros) höchstens anfangs kurz tätig. Sie wird abgelöst von der im mittleren Bereich des Opisthonephros entstehenden, zuerst noch metamer angeordneten, dann jedoch in der Tubulizahl sich vervielfachenden Urniere (Mesonephros), die während eines großen Teils der Keimlingszeit arbeitet. Später wird auch sie rückgebildet und von der im hinteren Opisthonephrosgebiet als kompaktes Organ heranwachsenden Nach- oder Dauerniere (Metanephros) ersetzt. Ihre Tubuli schließen sich — wie auch bereits die der Urniere — nicht dem primären

Harnleiter (Urnierengang) sondern einem sekundären Harnleiter (Ureter) an, der vom Urnierengangendstück neu zu ihnen auswächst und an der Niere sich in die Sammelbehälter der Niere, die zusammen das Nierenbecken (Pelvis renalis) ausmachen, aufzweigt. Das größte Teil der Keimlingsausscheidungsstoffe wird vom mütterlichen Kreislauf übernommen, ein geringerer jedoch in der Allantoisflüssigkeit bewahrt.

Mit ihrer embryonalen Ausbildung steigt die Dauerniere aus der L a g e in der Beckenhöhle, in der sie nur beim Dreizehenfaultier zeitlebens verbleibt, und heftet sich als paariges Organ beiderseits der Lendenwirbelsäule mittels einer Fettkapsel (Capsula adiposa) an der dorsalen Bauchwand an, unterseits vom Bauchfell (Peritoneum) überzogen. Jede Niere ist von einer fibrösen Eigenkapsel (Capsula fibrosa) umschlossen und median zur Nierenbucht (Hilus renalis), in der der Harnleiter, die Blutgefäße (Arteria und vena renalis), Lymphgefäße und Nerven sich mit ihr verbinden, eingezogen. Innen gliedert sich ihr Gewebe — mit Ausnahme der Kloakentiere — in R i n d e (Substantia corticalis) und M a r k (Substantia medullaris). Die Rinde enthält in ihrer Oberschicht (Pars glomerulosa s. labyrinthica s. convoluta) die Nierenkörperchen und die gewundenen Abschnitte der ihnen entspringenden Nierenröhrchen, in der Unterschicht (Pars radiata) die als Markstrahlen (Striae medullares) bezeichneten geraden Nierenröhrchenabschnitte. Ihr folgt eine schmale Unterrindenschicht (Stratum subcorticale). Das zweischichtige Mark mit Außen- (Zona intermedia) und Innenschicht (Zona basialis) beherbergt die Schleifenteile (Henlesche Schleifen) der Nierenkanälchen und die Sammelrohre mit ihren Endstücken oder Nierengängen (Ductus papillares).

Letztere münden entweder nebeneinander auf einem Porenfeld (Area cribrosa), das — außer bei den Kloakentieren — mehr oder minder kegelförmig ins Nierenbecken vorspringt (Nierenpyramide), oder vereinigen sich vorher zu wenigen Hauptausgängen auf der Pyramidenspitze, der N i e r e n w a r z e oder -papille (Papilla renalis). Einwarzige Nieren haben viele Beutler, Insektenfresser, Fleder- und Hasentiere. Sind mehrere Pyramiden vorhanden (mehr-

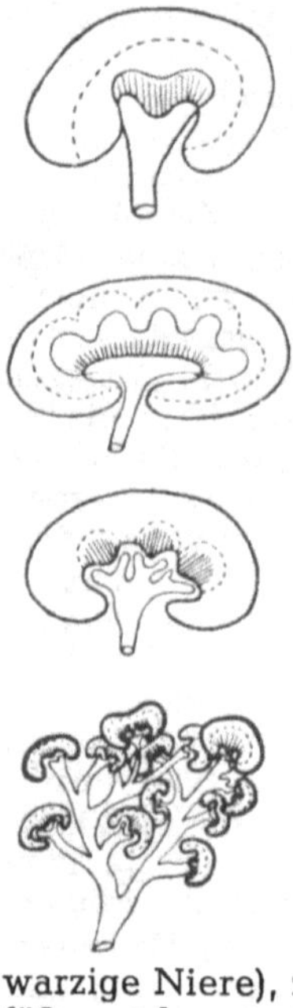

Abb. 69. Einige Beispiele für Nierenformen bei Säugetieren, schematisch, Mark-Rinden-Grenze durch gestrichelte Linie angedeutet. Von oben nach unten: Einwarzige Niere (Kloakentiere, Beutler, niedere kleine Placentalier), Leistenniere (Fledertiere, Zahnarme, Nager, Raubtiere, Halbaffen, Affen), Kelchniere (Mensch), Nierchen- oder Renenculi-Niere (Bären, Wale u. a.). Nach Gerhardt 1911, verändert.

warzige Niere), ziehen zwischen ihnen die Hauptgefäße und unterteilen so die Niere (z. B. Hund, Schwein, Mensch) in innere Abschnitte. Diese Gliederung ist ein Rest der embryonalen, da bei allen Säugern die Nachniere in einzelnen Läppchen (Lobuli, Renculi) angelegt wird, die beim Heranwachsen minder oder mehr oder bis zur äußerlichen Glattwandigkeit verschmelzen. Es können daher auch äußere Furchen bis Lappen (Paarhufer, Robben) bestehen bleiben oder sich die Renculi ganz selbständig erhalten wie bei der Traubenniere der Bären, Otter und Wale. Bei letzteren haben z. B. die Bartenwale bis zu 3000. Das N i e r e n b e c k e n entwickelt entsprechend viele Kelche (Calices renales). Bei Pferd und Tapir senkt es sich jedoch als schmaler Graben (Recessus) tief in den geschlossenen Nierenkörper, den es längs durchzieht (Recessusniere). Ein unmittelbarer Zusammenhang zwischen Nierenform und Lebensweise oder systematischer Stellung des Trägers scheint nicht zu bestehen, da sowohl gleichartig lebende als auch nahe verwandte Arten verschiedene Nierenformen aufweisen können.

Die wesentlichste Arbeitseinheit der Niere ist das bereits erwähnte N e p h r o n , bestehend aus einem Nierenkörperchen (Corpus culum renis aus Glomerulum und Bowmanscher Kapsel) und dem von ihm

Abb. 70. Schema eines Nierenkörperchens. Das Körperchen selbst ist aufgeschnitten gezeigt, um den Gefäßknäuel freizugeben. Die Pfeile zeigen den Weg des Blutes an. Nach Kolb 1962, verändert.

abgehenden bis zum Ableiter führenden Nierenkanälchen (Tubulus). Die ins Glomerulum eintretende Arteriole (Vas afferens) gliedert sich dort zu einem lappigen Kapillarknäuel auf, findet sich zu einem ableitenden Gefäß (Vas efferens) wieder zusammen, verläßt das Glomerulum durch die Eintrittspforte, umspinnt, sich wieder zu einem Kapillarnetz aufteilend, den Tubulus und gibt ihr Blut dann in Venolen, diese in Venen, die sich in der ableitenden Nierenvene (Vena renalis) sammeln. Der aus der das Glomerulum umgreifenden Bowmanschen Kapsel entspringende proximale Tubulus knäult sich zuerst auf (Pars convoluta, Tubulus contortus I), streckt sich dann (Pars recta), wird bis hierher Hauptstück genannt, steigt in die Haarnadel- oder u-förmige Henlesche Schleife ab, deren absteigender auch Überleitungsstück genannter Schenkel sehr dünn ist, um sich im aufsteigenden wieder zu verdicken, widmet sich nochmals im Schaltstück oder distalen Tubulus (Pars contorta, Tubulus contortus II), wobei aufsteigender Schenkel und Schaltstück zusammen das sog. Mittelstück ausmachen, und geht dann über ein kurzes Verbindungsstück (initiales Sammelrohr) zuerst in ein Sammelröhrchen, dann ein größeres Sammelrohr über, das schließlich über den Nierengang (Ductus papillaris) im Porenfeld (Area cribrosa) endet.

Durch den Blutdruck in den Haargefäßen des Glomerulum werden Wasser und kleinmolekulare Stoffe durch die teildurchlässige (semipermeable) Haargefäßwand nach außen gedrückt und damit von den nicht folgen könnenden großmolekularen Eiweißstoffen getrennt (Ultrafiltration). Gleichzeitig saugen aber auch letztere osmotisch Wasser in die Kapillaren zurück, wodurch also fürs Wasserauspressen der Blutdruck erhöht werden muß (Osmosedruck des Blutplasmaeiweißes rd. 25 – 30 mm Hg, Kapillarenblutdruck rd. 120 mm Hg).

Das Nephron wechselt im Verlauf seiner Abschnitte nicht nur in Wandstärke und Innenweite, sondern auch im feinen und feinsten Bau seiner Zellen, damit in den filternden ausscheidenden und rücksaugenden Eigenschaften und ermöglicht so und durch die nervös unabhängige Selbstregelung der Gefäßmuskulatur die Vielfalt seiner auswählenden

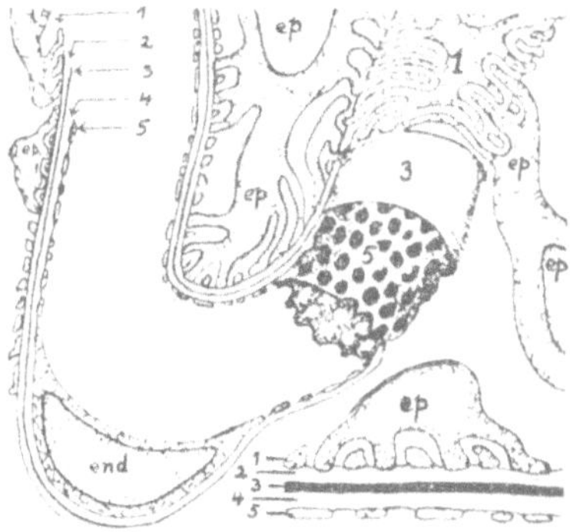

Abb. 71. Feinbau der Nierenkörperchenwand, chematisch. 1=Deckzellenausläufer und Deckzellenfüßchen-Schicht, 2—4=drei Basalmembranschichten, 5=Endothelausläuferschicht, ep =Deckzelle, end=Endothelzelle. Nach Schiebler 1959, verändert.

K o n z e n t r a t i o n s a r b e i t. Es unterscheidet dabei zwischen Exkretstoffen, die unabhängig von ihrer Konzentration im Blutplasma zu einem bestimmten Prozentsatz ausgeschieden werden, und Schwellenstoffen, denen das nur nach Überschreiten ihrer normalen Blutplasmaanteile geschieht. Zu ersteren gehören vor allem die eigentlichen Harnsubstanzen (Ammoniak, Harnsäure) sowie Wasser und körperfremde Stoffe, zu letzteren Kochsalz, Zukker, Phosphate, Aminosäuren u. a. Der im Glomerulum und Tubulushauptstück („Stickstoffdrüse") zunächst abgefilterte Primärharn wird beim weiteren Durchlaufen des Tubulus großenteils wieder resorbiert (in bestimmten Anteilen dabei besonders Wasser, Harnstoff, Harnsäure, Kochsalz und andere Chloride, Phosphate, Bikarbonate, Zucker und Aminosäuren; z. B. Wasser im Überleitungsstück, Zucker im Tubulus contortus I). Der zur endgültigen Ableitung freigegebener Sekundärharn wird also erst durch weitere Arbeit im Überleitungs-, Mittel- und Schaltstück erstellt.

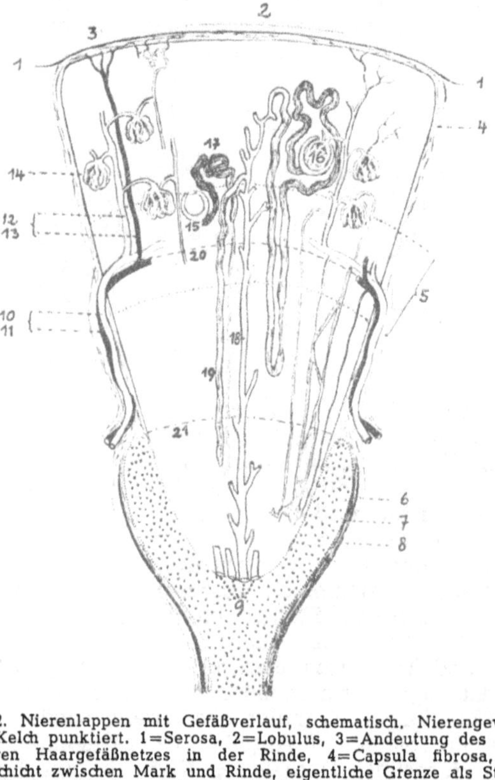

Abb. 72. Nierenlappen mit Gefäßverlauf, schematisch. Nierengewebe weiß, Kelch punktiert. 1=Serosa, 2=Lobulus, 3=Andeutung des peritubulären Haargefäßnetzes in der Rinde, 4=Capsula fibrosa, 5=Grenzschicht zwischen Mark und Rinde, eigentliche Grenze als Strichlinie (20), 6—8=Kelchwandschichten (Schleimhaut, Muskulatur, Adventitia), 9=Harngänge (Ductus papillares), 10 u. 11 und 12 u. 13=Arteria et Vena interlobularis, 14=Glomerulus ohne Kapsel, 15=Kapsel ohne Glomerulus, 16=Glomerulus mit Kapsel (Glomerulum s. Corpusculum renis), 17=Tubulus corntortus, 18=Tubulus collectivus s. rectus, 19=Henlesche Schleife (ausscheidender und rücksaugender Teil des Harnkanälchens schraffiert), 20=Grenze zwischen Rinde (oben) und Mark (unten), 21=Grenze zwischen Außen- und Innenzone des Marks. Nach Ellenberger & Baum 1943, verändert.

Obwohl bei jedem Blutumlauf von beiden Nieren nur rd. ein Drittel des Herzschlagvolumens erfaßt wird, da sie im Gegensatz zur Lunge nur im „Nebenanschluß" des Kreislaufs liegen, ist ihr Blutdurchfluß doch sehr stark. Das Körperblut könnte innerhalb 24 Stunden rd. 300 mal durch sie hindurchgehen. So werden sie denn innerhalb der genannten Zeit beim Pferd von rd. 4500, Rind rd. 4200, Mensch rd. 1500, Schaf rd. 1200 und Hund rd. 500 Liter durchströmt.

Sowohl artlich als auch durch Klima, Ernährung, Körpertätigkeit und individuell-situationsbedingte Belastungen werden an die Nieren hohe Anpassungsanforderungen gestellt. Sie wissen dem im speziellen Nephronfeinbau, morphologischen und physiologischen Regelungsmechanismen je nach Art und Lage so wirkungsvoll zu begegnen, daß sogar nach Ganzausfall einer Niere die andere ausreichend weiterarbeitet und bald den Verlust völlig ausgleicht. So ist es auch verständlich, daß das Tätigkeitsbild, nämlich die Harnmenge, -zusammensetzung usw. von Situation zu Situation, Einzeltier zu Einzeltier und Art zu Art außerordentlich wechselt.

Aus dem Nierenbecken (Pelvis renalis), dessen Schleimhaut bei manchen Säugetieren mit großen Schleimdrüsen ausgestattet ist, bringt der Harnleiter (Ureter) den Harn zur Harnblase (Vesica urinaria), wo er vorübergehend gesammelt und von dort durch die Harnröhre (Urethra) in bestimmtem Rhythmus entleert wird. Die wie der Harnleiter eine dreischichtige Muskelwand tragende Harnblase liegt in einem Bauchfellsack, lose durch zwei Seitenbänder (Ligamenta lateralis vesicae), ehemalige Führungsbänder der embryonalen Nabelarterien, und ein mittleres Runband (Ligamentum teres s. vesicae s. vesica-umbilicale medianum), dem embryonalen Urachusgekröse, gehalten. Der Urachus oder Harn- oder

Allontoisgang zieht beim Keimling von der Harnblase in der Nabelschnur zum Harnsack (Allantois) und reißt gleich nach der Geburt mit dieser ab, auf dem Harnblasenscheitel (Vortex vesicae) einen Urachusnabel als Narbe zurücklassend.

Die Mündungen der beiden Harnleiter (Ostia ureteria) liegen bei den Kloakentieren hypocystisch im Ausgangsteil der Harnblase, dem Hals (Collum s. Cervix vesicae), der damit Anfang der Harnröhre (Urethra) ist. Der zu sammelnde Harn muß also von dort in die Blase aufsteigen. Bei den Beutlern münden die Harnleiter dicht oberhalb des Blasenhalses in die Blase (endocystisch), während die Samenleiter wie bei den Kloakentieren unterhalb davon am sog. Samenhügel (Colliculus seminalis) in den Blasenhals eintreten, zwischen Samenhügel und Harnleitermündungen ein größeres, dreieckiges Blasenschleimhautfeld (Trigonum vesicae) freilassend. Auch bei den Placentalia gehen die Harnleiter endocystisch in die Blase hinein, meist im unteren Blasenkörper- (Corpus vesicae-)Drittel, bei einigen Nagetieren sowie bei Schliefern und Elefanten jedoch am Blasenscheitel (Vortex vesicae), während die Samenleiter im Blasenhals enden. Der nur Harn leitende Teil des Blasenhalses ist gleichzeitig der Anfangsteil der den Harn aus dem Körper herausführenden Harnröhre und heißt daher Urethra propria oder Canalis urinalis. Ab Samenhügel führt die Harnröhre auch Samen und wird damit zum Canalis urogenitalis, welch letzterer im männlichen Geschlecht im Penis verläuft.

Fortpflanzungssystem

Bei den Säugetieren wird das Geschlecht infolge Ungleichheit eines der elterlichen Kernfaden- (Chromosomen-)paare bei der Befruchtung festgelegt. Besteht doch das entsprechende Paar bei den Männchen vor der Reduktionsteilung aus einem x- und einem y-Chromosom, danach in rd. je der Hälfte der Samenzellen aus x oder y (Heterochromosie bzw. -gamie), bei den Weibchen aus xx bzw. x (Homochromosie bzw. -gamie). Beim Zusammentreffen der reduzierten (einfachen, haploiden) elterlichen Chromosomensätze in der Befruchtung entstehen also wieder doppelte (diploide) Sätze entweder mit xy-Kombination als Männchen oder xx-Zusammensetzung als Weibchen.

Die für die spatere Geschlechtstätigkeit benötigten Zusatzorgane zu den Keimdrüsen werden aus zuerst noch unbestimmter Anlage durch Geschlechts-

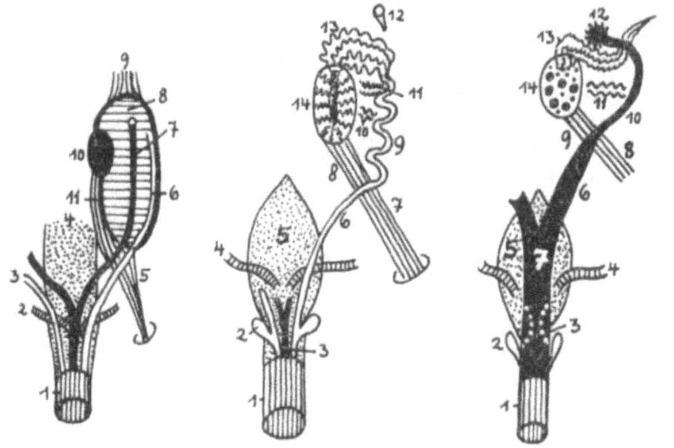

Abb. 73. Ausbildung der inneren Geschlechtsorgane. A=indifferenter Zustand, B=männliche u. C=weibliche Organe. Zu A: 1=Sinus urogenitalis, 2=sekundärer u. 3=primärer Harnleiter, 4=Allantois, 5=Leistenband, 6=Wolffscher Gang, 7=Müllerscher Gang, 8=Urniere, 9=Urnierenzwerchfellband, 10=Keimdrüse, 11=caudales Keimdrüsenband. Zu B: 1=Urethra masculina, 2=Vesicula seminalis, 3=Uterovagina musculina, 4=Ureter, 5=Vesica urinalis, 6=Ductus deferens, 7=Ligamentum inguinale, 8=Ligamentum testis, 9=Epidymis, 10=Paradidymis, 11=Ductuli aberrantes, 12=Appendix testis, 13=Coni vasculosi, 14=Testis. Zu C: 1=Vestibulus vaginae, 2=Gartnerscher Gang, 3=Vagina, 4=Ureter, 5=Vesica urinalis, 6=Cornu uteri, 7=Uterus, 8=Ligamentum teres uteri, 9=Ligamentum ovarii proprium, 10=Tuba uterina, 11=Paroophoron, 12=Infundibulum, 13=Epoophoron, 14=Ovarium, weiße Punktlinien im Uterus=Collum uteri. Nach Zietschmann-Krölling 1955, verändert.

chromosom- und Hormonsteuerung in Richtung auf das bei der Befruchtung festgelegte Geschlecht herausgebildet. Dabei entwickelt das Weibchen außer Eierstöcken die Eileiter, Gebärmutter, Scheide und Scheidenvorhof, das Männchen außer den Hoden die Nebenhoden, Samenleiter, Zusatzdrüsen und den Penis. Die Keimlinge beider Geschlechter legen ihr Keimgewebe in Nachbarschaft der Urniere (Mesonephros) an und formen neben dem Urnieren- oder Wolffschen Gang oder männlichen Geschlechtsgang (Ductus pro- s. mesonephridicus s. -nephricus) (s. S. 179) einen gleichlaufenden Müllerschen oder weiblichen Geschlechtsgang (Ductus Mülleri s. primordialis s. paramesonephridicus s. -nephricus). Beim Männchen liefert das Keimgewebe die Samenkanälchen (Tubuli seminiferi) mit den Samenzellen (Spermatocyten) und damit den Hoden (Testis), beim Weibchen die Keim- oder Markstränge (Pflügersche Schläuche) mit den Eizellen (Oocyten) und damit den Eierstock (Ovar). Beim Männchen bildet sich aus der (wenn harnausscheidend nicht mehr benötigten) Urniere der Nebenhoden (Epididymis), beim Weibchen der Nebeneierstock (Parovarium). Beim Männchen wandelt sich der Wolffsche Gang zum Samenleiter (Ductus deferens), beim Weibchen aber verkümmert er ganz oder bleibt nur als kleines Scheidenvorhofanhängsel (Ductus Gartneri s. epoophorus longitudinalis) bestehen. Beim Männchen wiederum verschwindet der Müllersche Gang fast ganz und nur sein Anfangsstück setzt sich als Flüssigkeitsbläschen (Hydatide, Appendix testis s. epididymis s. vesiculosus Morganii) dem Nebenhoden auf, während ein meist kleines Endstück ein Bläschen an der Vorsteherdrüse (Vesicula prostatica s. Sinus prostaticus s. procularis, fälschlich auch Uterus s. Utriculus masculinus) wird. Beim Weibchen jedoch entwickelt sich der Müllersche Gang zum Hauptgeschlechtskanal mit Eileiter (Tuba uterina), Gebärmutter (Uterus) und Scheide (Vagina). Die embryonale Kloake wächst im Oberteil zum Geschlechtshöcker (Tuber genitalis) zusammen und bleibt im Unterteil als Urogenitalspalte oder Geschlechtsrinne (Sulcus urogenitalis s. genitalis) mit den Rändern als Geschlechtsfalten (Plicae genitales)

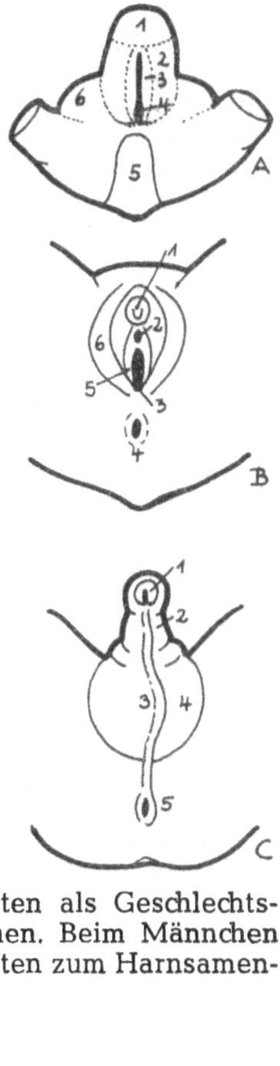

Abb. 74. Ausbildung der äußeren Geschlechtsorgane (Mensch). A=8 Wochen alter Keimling, Organe noch indifferent. 1=Glans, 2=Genitalhöcker, 3=Urethrafalte, 4=Urethragrube, 5=Schwanz, 6=Labioscrotalfalte. B=12 Wochen alter weiblicher Keimling. 1=Clitoris mit Glans, 2=Uretheröffnung, 3=Vaginaöffnung, 4=After, 5 u. 6=Kleine und Große Schamlippe. C=12 Wochen alter männlicher Keimling. 1=Glans des Penis mit Uretheröffnung, 2=Penisschaft, 3=Raphe, 4=Scrotum, 5=After. Nach Torrey 1962, verändert.

und je zwei seitlichen Hautfalten als Geschlechtswülsten (Tori genitales) bestehen. Beim Männchen schließen sich die Geschlechtsfalten zum Harnsamenleiterendstück (Pars cavernosa canalis urogenitalis) und verwachsen mit dem sich verlängernden Geschlechtshöcker zum Penis mit Schwellkörper (Corpus cavernosum), während sich die Geschlechtswülste zum Hodensack (Scrotum) auswachsen. Beim Weibchen wandelt sich die Urogenitalspalte zum Scheidenvorhof (Vestibulum vaginae) und dessen Schwellgewebe (Bulbi cavernosi vestibuli), der Geschlechtshöcker zum Kitzler (Clitoris) und die Geschlechtsfalten werden zu Schamlippen (Labiae vulvae) (die Geschlechtswülste u. U. zu einem zweiten Schamlippenpaar, L. v. majori).

Mit der stammesgeschichtlich fortschreitenden Gehirnentfaltung und -vergrößerung waren die Säugetiere gezwungen, ihre Keimentwicklung zu verlängern und, um überlange Brutzeiten zu vermeiden, auch zu verändern. Die Kloakentiere legen noch Eier, brüten sie aus, bringen aber als erste Veränderung eine Jungenernährung durch Mutterkörpersaft (bauchständiges Milchdrüsenfeld des Weibchens). Die Beuteltiere verändern weiterhin einmal die Milchversorgung durch Zitzenbildung und Jungenbewahrung in einer bauchständigen Bruttasche (umwalltes Zitzenfeld oder Beutel). Zum anderen verlegen sie die ersten Wochen der Embryonalzeit in einen dafür eingerichteten Eiwegabschnitt des Mutterkörpers (Gebärmutter), so vor die Beutelzeit eine Tragzeit (Gebärmutter-, Intrauterinzeit) schaltend. Die höheren Säuger vervollkommnen und verlängern dann diese intrauterine Entwicklung zu einer Geburtsreife hin, der keine lange Beutelzeit mehr, sondern höchstens noch eine kurze Lagerzeit zu folgen braucht.

Diesem stammesgeschichtlichen Streben der Säugetiere, die intrauterine Keimesentwicklung zu verlängern und dafür auch die innerkörperliche Befruchtung der Weibchen zu sichern, entspricht die Gliederung der Geschlechtsorgane in drei nach Bau und Tätigkeit verschiedene Teile: in die der Keimzellen erzeugenden oder generativen (Eierstöcke bzw. Hoden), in die der Keimzellen übermittelnden oder copulativen (Scheide bzw. Penis) und die der Keimzellen leitenden oder deductiven bzw. zuführenden, fruchtentwickelnden und fruchtabführenden (Eileiter, Gebärmutter bzw. Nebenhoden, Samenleiter).

In den männlichen Geschlechtsorganen (Organa genitalia masculina) wird der einzelne Hoden (Testis, Orchis) von einer Bindegewebskapsel (Tunica albuginea testis), der ein Bauchfellüberzug (Epiorchium) angewachsen ist, fest umspannt. Das Hodengewebe (Parenchym) darin wird von Scheidewänden (Septula testis), die von der Tunica ausgehen, in Hodenläppchen (Lobuli testis) unterkammert. In diesen liegen die aufgeknäulten (beim Men-

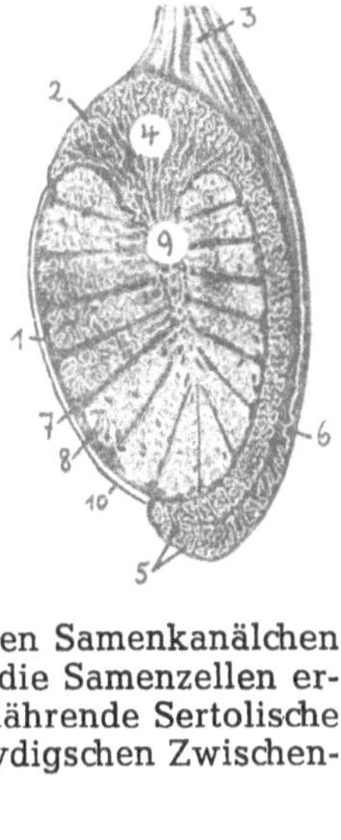

Abb. 75. Hoden eines Hausrindbullen im schematischen Längsschnitt. 1=Hoden, 2=Nebenhoden, 3=Samenstrang, 4=Ductuli efferentes, im Caput epididymidis die Coni vasculosi bildend, 5=Ductus s. Canalis epididymidis, 6=Ductus deferens, 7=Septula testis, 8=Lobulus testis, 9=Corpus fibrosum s. Midiastinum testis mit dem Rete testis, 10= Serosa s. Epiorchium mit Tunica albuginea testis. Nach Schaetz 1963, verändert.

schen z. B. rd. ½ m langen) feinen Samenkanälchen (Tubuli seminiferi contorti), die die Samenzellen erzeugen und die auch letztere ernährende Sertolische Fußzellen enthalten. Das aus Leydigschen Zwischen-

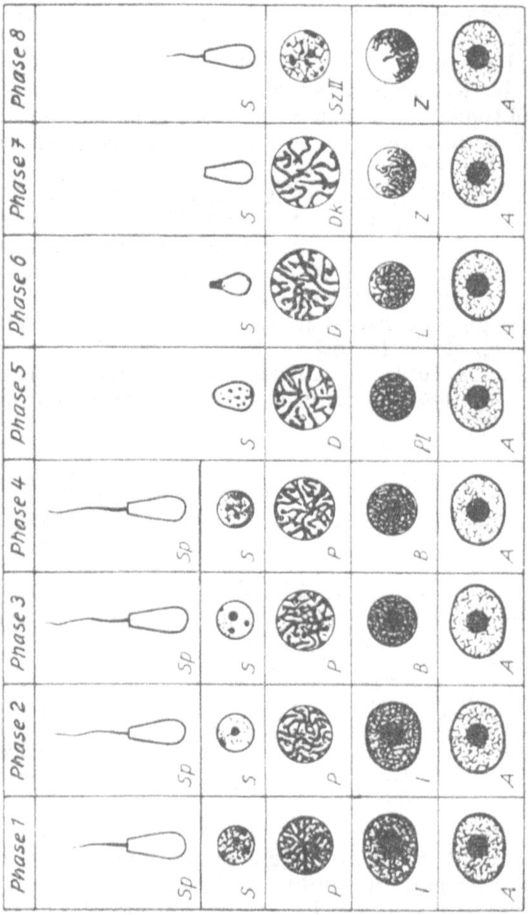
Phase 1
Phase 2
Phase 3
Phase 4
Phase 5
Phase 6
Phase 7
Phase 8
Sp
S
P
I
A
B
Pl
D
L
Dk
Z
Sz II

Abb. 76. Spermienbildung beim Hausrindbullen. A—B = A-Spermatogonie: A = A-Spermatogonie, I = Intermediäre Spermatogonie, B = Spermatogonie; PL—DK = Primäre Spermatozyten: Pl = Präleptotän, L = Leptotän, Z = Zyotän, P = Pachytän, D = Diplotän, Dk = Diakinese; Sz II = Sekundäre Spermatozyten, S = Spermatiden der jüngeren Generation, Sp = Spermien (Spermatiden der älteren Generation). Nach Schaetz, 1963.
←

zellen bestehende Gewebe zwischen den Samenkanälchen bildet das Testeron oder Testosteron (s. S. 29).

In den Samenkanälchen sitzen die Ursamen oder Samenbildungszellen (Spermiogonien), die sich

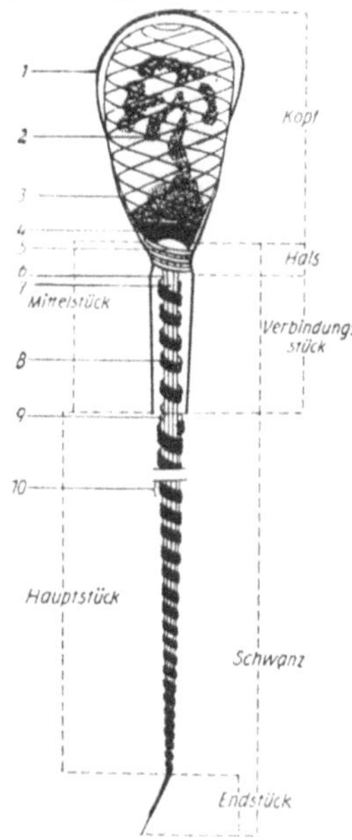

Abb. 77. Spermiumschema. 1 = Kopfkappe, 2 = Chromatin, 3 = Becherhülse, 4 = Basalmembran der Kopfbasis, 5 = Zentrosom, 6 = Fibrillenstrang, 7 = Achsenfaden, 8 = Mitochondrienspirale, 9 = Schlußring, 10 = Schwanzspirale. Nach Bretschneider 1949.

mitotisch zu Spermiozyten I. Ordnung und weiter solchen II. Ordnung oder Praespermiden teilen. Letztere spalten sich und ihren noch diploiden Chromosomensatz in der Reifungs- oder Reduktionsteilung (Meiosis) zu haploiden Spermiden, die sich durch inneren Umbau (Spermiohistogenese, Spermocytogenese) über verschiedene Stadien (Metaspermien) zu Samenfäden (Spermien) mit Kopf, Hals, Mittelstück und Schwanz, von denen der Kopf als Chromosomenträger, Mittelstück und Schwanz der Fortbewegung dienen, gestalten. Die Samen-

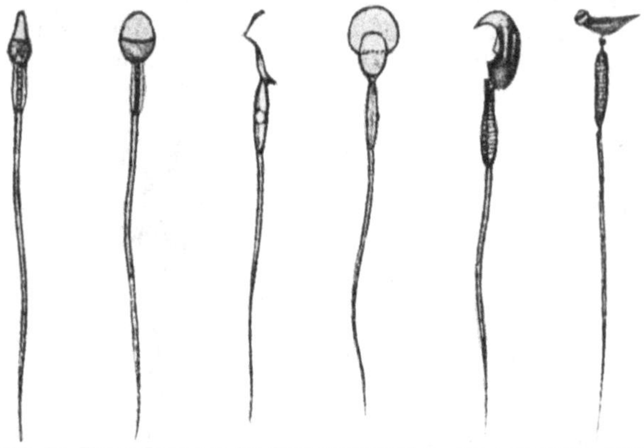

Abb. 78. Einige Beispiele für Säugetierspermien, alle auf gleiche Größe gebracht. Von links nach rechts: Mensch (seitlich), Mensch (von vorn), Meerschweinchen (seitlich), Meerschweinchen (von vorn), Maus, Känguruh. Nach Schaetz 1963, verändert.

kanälchen treten mit geraden Endstücken (Tubuli recti) in ein im zentralen Bindegewebskörper des Hodens (Corpus fibrosum, Mediastimum testis) gelegenes Netzwerk von Sammelkanälchen (Rete testis), dem sich im Nebenhodenkopf ein Bündel weiterleitender Kanälchen (Ductuli efferentes) anschließt. Letztere sammeln sich im gewundenen speichernden und ableitenden Nebenhodenkanal (Ductus s. Canalis epididymis), der dann in den geraden Samenleiter (Ductus s. Vas deferens) übergeht. Der Samenleiter vereinigt sich mit dem Harnleiter

(Pars pelvica urethrae) zum Harnsamenleiter (Canalis urogenitalis) (s. S. 186 u. 190) und nimmt danach die Sekrete der zusätzlichen (accessorischen) Geschlechtsdrüsen auf. Ein Teil dieser Ausscheidungen dient dem Aufschwemmen der Samenzellen zur Samenflüssigkeit (Sperma, Ejakulat), ein anderer dem Schlüpfrigmachen und Neutralisieren des Begattungsweges.

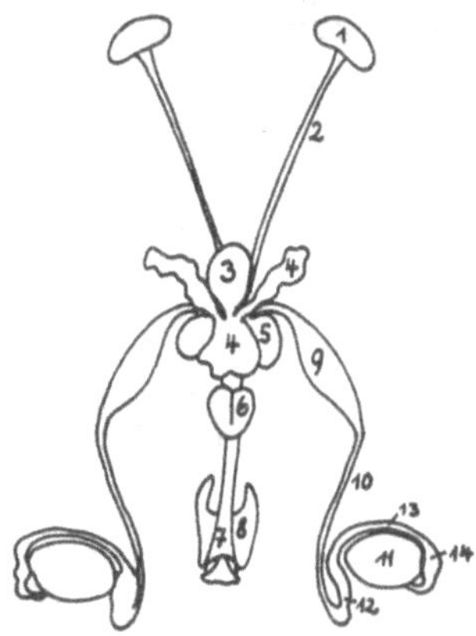

Abb. 79. Geschlechtsapparat des Hamstermännchens. 1=Niere, 2=Harnleiter, 3=Harnblase, 4=Samenblase, 5=Vorsteherdrüse, 6=Cowpersche Drüse, 7=Penis, 8=Vorhautdrüse, 9=Samenleiterampulle, 10=Samenleiter, 11=Hoden, 12=Nebenhodenschwanz (Cauda epididymidis), 13=Nebenhodenkörper (Corpus ep.), 14=Nebenhodenkopf (Caput ep.). Nach Kämpfe-Kittel-Klapperstück 1966, verändert.

Die accessorischen Geschlechtsdrüsen sind außer bei Walen und Seekühen meist reich entwickelt und in fünf verschiedenen Bildungen von je nach Art wechselnder Größe, wenn auch nicht immer gleichzeitig bei einer Art vertreten: den Samenleiterwanddrüsen (Glandulae ampullares), Bläschendrüsen (Gl. vesiculosae; auch fälschlich, da keine Samenspeicher, als Samenblasen bezeichnet), Vorsteherdrüsen (Gl. prostaticae), Harnröhrenzwiebel- oder Cowpersche Drüsen (Gl. bulbourethrales) und die Urethral- oder Harnsamenleiterdrüsen (Gl. urethrales). In Harnröhrenausgangsnähe liegen als Gebilde eigener Entstehung die partneranlockenden, reizgerucherzeugenden Vorhautdrüsen (Gl. praeputiales), die bei Biber, Bisamratte, Schwein und Moschustier sehr groß sein können, und die Hodendrüsen (Gl. scrotales), wie sie Krallenäffchen tragen. Die Weibchen mancher Nagerarten besitzen den Präputialdrüsen entsprechende Kitzler- und Scheidenvorhofdrüsen (Gl. clitorides, Gl. vestibulares s. Bartholini s. Duvernoyi). Die Präputialdrüsenausscheidung von Biber, Bisamratte und Moschustier oder Bisamhirsch wird bei der Parfümherstellung verwertet (Bibergeil, Bisam, Moschus).

Das Endstück des Harnsamenleiters durchläuft das männliche Begattungsglied (Penis, Phallus), das zur Sicherung der inneren Befruchtung die Samenflüssigkeit in Gebärmutternähe zu bringen hat. Es besteht bei den Kloakentieren als ein durch einen fibrösen Schwammkörper (Corpus spongiosum) vergrößerbaren Kloakenwandanhang. Bei den Beutlern und höheren Säugern wird er durch den Gewebewall des Dammes (Perineum) vom Enddarm ganz abgetrennt. Sein gefäßhohlraumreicher Schwammkörper verdickt sich in der Wurzel zur Harnröhrenzwiebel (Bulbus uethrae), umfaßt als Harnröhrenschwellkörper (Corpus cavernosum urethrae) die Harnröhre und verlängert sich bis zu deren Spitze, sich dort bei manchen Arten eichelartig verdickend (Corpus cavernosum glandis). Den Harnröhrenschwellkörper verstärken in der Wirkung zwei am Becken (Arcus ischiadicus) mit zwei zuerst getrennten Schenkeln (Crura) ansetzende, sich dann zusammenlegende oder verwachsende Schwellkörper (Corpora cavernosa corporis penis). Ihnen entsprechen beim Weibchen der Kitzlerschwellkörper (Corpus cavernosum clitoridis), ebenso die Schwellpolster des Scheidenvorhofs (Bulbi cavernosi vestibuli) dem Schwammkörper des Männchens.

Ist der Damm schmal, liegt der Penis dicht beim After (perianal), hinter dem Hodensack (postscrotal) und ist nach hinten gerichtet (z. B. Beutler, Biber,

Stachelschwein, Katzen). Ist der Damm breit, rückt der Penis mit seinem Endteil vor den Hodensack (praescrotal) (Mehrzahl der Säugetiere), manchmal bis in Nabelhöhe (z. B. Paarhufer, Wale). Praescrotal bleibt er meist der Bauchdecke angeheftet (Penis appositus), bei Fledertieren und Affen jedoch frei hängend (Penis pendulus). Besteht er vorwiegend aus derbsehnigem, wenig schwellbarem Bindegewebe (fibro-elastischer Typ), ist er meist lang, durch das Strecken gelegter Bögen oder Schleifen weit vorschiebbar (z. B. Paarhufer, Wale). Muskel- und hohlraumreich jedoch (musculo-cavernöser Typ) kann er sich durch Blutstauung mehrfach vergrößern (z. B. Einhufer, Fledertiere, Affen).

Die in der Gestalt sehr wechselnde, spitz-lange bis kurz-breite, symmetrische bis unsymmetrische, kurz abgestutzte oder mit lang ausgezogenem Harnröhrenfaden (Urethrafilum) versehene, ein-, zwei- oder vierteilige Penisspitze (Glans) liegt meist geschützt in einer Vorhauttasche (Praeputium). Bei manchen Beutel-, Raub-, Nagetieren und Insektenfressern trägt die Penisspitze verhornte Warzen bis Stacheln zum Verstärken des Begattungsreizes. Letzterem dient auch mit ein entweder auf die Glans beschränkter oder sich lang hinziehender, fibrös-knorpeliger bis fest-knochiger, gerader oder gebogener, kompakter oder mit Längsrinne versehener, einheitlicher oder gegabelter oder mehrendiger Penisknochen (Os penis s. priapi, Baculum) (viele Insektenfresser, Fleder-, Nage-, Raubtiere, Affen).

Die bei den Urnieren entstehenden, nahe den Nachnieren liegenden Hoden verbleiben dort zeitlebens bei einigen Insektenfressern (Goldmulle, Madagaskarigel, Rüsselspringer) und bei den Seekühen, Elefanten und Schliefern, verlagern sich weiter nach hinten bei Faultieren und Ameisenbären und wandern in der Entwicklung bis an die vordere untere Bauchwand bei Gürteltieren und Walen, bleiben also bei allen diesen Familien oder Ordnungen im Bauchraum bewahrt (Bewahrthodigkeit oder Testicondie). Sie drängen sich, von einem hautnahen Bauchwandmuskel (Musculus cremaster) umhüllt, mit der Bauchwand nach unten in eine Leibeshöhlenbucht (Processus vaginalis peritonei), die sich zum Leistenspalt oder -kanal (Canalis inguinalis) erweitern kann und kommen so in einen Cremastersack zu liegen (dauernd bei Beutelmullen, Wombats, Schuppentieren, Robben, Tapiren und Nashörnern, nur während der Brunst beim Erdferkel, vielen Nagetieren und Insektenfressern). Stülpt sich der Cremastersack noch tiefer aus, wird er zum Hodensack. Die Hoden treten dann ganz aus der Bauchhöhle heraus und steigen durch den Leistenkanal ins Scrotum hinab (Hodenabstieg, Descensus testiculorum). Zeitlebens verbleiben sie dort bei den meisten Beutel-, Raubtieren und Halbaffen sowie allen Einhufern, Wiederkäuern und Affen, nur während der Brunst bei Fleder-, einigen Nagetieren und Halbaffen. Stichhaltige Gründe für den ontogenetischen Hodenabstieg sind schwer zu finden, jedenfalls nicht rein physiologischer Art. Vielleicht dient er als gestaltwertlicher Ausdruck. Zeigen ihn doch vor allem hochstehende und ausgeprägt gegliederte Säugetiere am wirkungsvollsten, indem sie das Scrotum durch Größe oder Farbe oder Behaarung oder Hervorheben der Umgebung besonders betonen. Meist ist dann auch ihr körperliches Gegenstück, der Kopf (evtl. mit Hals), durch Kopfwaffen, Haartracht, Farbe oder Muster ebenfalls auffällig gekennzeichnet (sekundäre Geschlechtsmerkmale).

Im Gegensatz zu den männlichen Geschlechtsorganen, die im unmittelbaren Bezug auf die Fortpflanzung nur Keimzellen erzeugen und übertragen und deren Keimdrüsen sich nach der Geschlechtsreife bis zur Altersverkümmerung im Bau nicht und in der Tätigkeit nur periodisch ändern, dienen die weiblichen Geschlechtsorgane außer der Keimzellenlieferung auch der Keimlingsentwicklung und machen sowohl einen ständigen baulichen als auch tätigen Wechsel (Sexualzyklus) durch. Dieser Wechsel äußert sich einmal im Eierstock (Ovarialzyklus), zum anderen in der Gebärmutter (Uteralzyklus) und in der Milchdrüse (Mammarzyklus).

Im Eierstock (Ovarium) bilden sich ungefähr bis zur Geburt hin mehrere zehn- bis hunderttausend Ureizellen (Oogonien), die bis zur Geschlechtsreife auf wenige Tausend, die sich zu Eiern entwickeln, wieder abgebaut werden (Atresie). Auch von den Eiern werden nur wenige Hunderte im Laufe der Geschlechtsfähigkeit bis zur vollen Reife gebracht und aus dem Eierstock ausgestoßen. Von diesem wiederum wird nur ein Bruchteil befruchtet. (Beim Igeltanrek erfolgt die Befruchtung bereits im Follikel). Die Gesamtjungenzahl eines Säugetierweibchens erreicht meist nur einige Dutzend, manchmal auch mehrere Dutzend, aber selten bis hundert. Ganz im Gegensatz zur geringen Zahl fortpflanzungsreifer Eier eines Weibchens ist die Zahl der von einem Männchen gelieferten befruchtungsfähigen Spermien in einem Ejakulat mehrere Hunderttausend oder Millionen und zeitlebens u. U. sogar über eine Milliarde.

In der Keimdrüsenanlage des Weibchens sitzen die Oogonien in Haufen oder Strängen (Pflügersche Schläuche) beieinander, werden durch Mesenchymzellen auseinandergedrängt und zu Eiballen zerlegt. Deren Oogonien umgeben sich mit einem einschichtigem Epithel (Primärfollikel). Die nicht atresierten Oogonien wachsen dann weiter zu Eizellen (Oocyten I. Ordnung) heran. Ihr von einem Eihäutchen (Oolemma, Zona pellucida) umgebener Zelleib enthält im Dotter den bläschenförmigen Kern (Keimbläschen, Nucleolus) und das mit 1—2 Zentralkörperchen ausgestattete Oocentrum (Idozom). Das Follikelepithel der Oocyten I. Ordnung teilt sich zur mehrschichtigen Granulosa (Sekundärfollikel). Darin schließen sich Spalträume zu einer gemeinsamen, mit Flüssigkeit (Liquor folliculi) gefüllten Follikelhöhle (Cavum folliculi), an deren Wand die Eizelle vorspringend (Eihügel, Cumulus oophorus s. oviger) eingebettet sitzt (Tertiär-, Reif-, Graafscher Follikel). Der doppelhäutige (Theca in- u. externa) Tertiärfollikel schwillt bis zum Platzen, wobei Flüssigkeit, Ei und der das strahlenkranzförmige Eiepithel bildende anhängende Eihügelrest (Corona radiata) ausgestoßen werden und das Ei in den Eileiter gelangt (Ovulation). Der geplatzte Follikel schließt sich wieder und baut sich zum Gelbkörper (Corpus luteum) um. Vor dem Follikelsprung schnürt sich von der Oocyte (I. Ordnung)

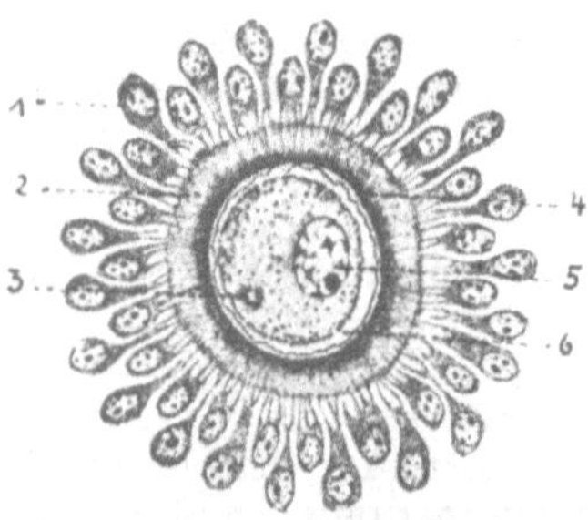

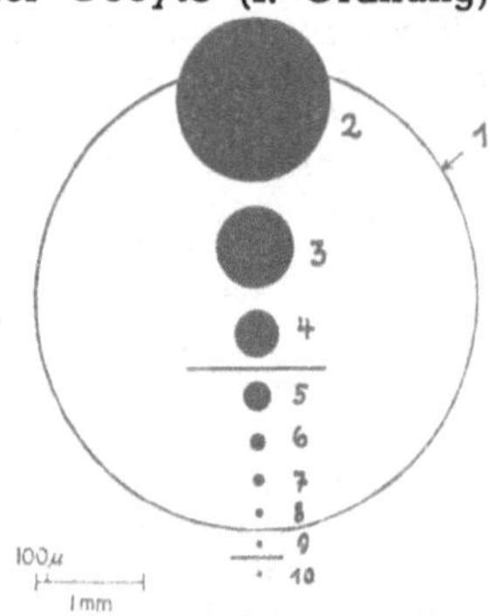

Abb. 80. Eizelle eines Igels (Oocyte I. Ordnung). 1=Eiepithel, 2=Oolemma, 3=Oozentrum, 4=Eimembran, 5=Keimbläschen, 6=hypolemmaler Raum. Nach Bonnet in Krölling-Grau 1960, verändert.

Abb. 81. Eigrößenvergleich. 1=Dotter des Kloakentiereies, 2=größte Wirbelloseneier (z. B. Tintenfisch *Loligo*, Schnecke *Busycon*, Seestern *Henricia*, Krabbe *Libinia*), 3=kleinste Froscheier, 4=kleinste Fischeier, 5=Beutelmarder *Dasyurus* und Seegurke *Amerouclum*, 6—8=Mehrzahl der Säugetiereier (sowie Vielzahl der Stachelhäuter, Mantel-, Weichtiere, Borsten-, Schnur-, Plattwürmer und Hohltiere) davon z. B. 6=Pferd, Rind, Hund, 7=Mensch, Katze, Kaninchen, 8=Mehrzahl der Nagetiere, 9=Erdmaus (kleinstes Säugetierei), 10=kleinste Tiereier überhaupt (darunter z. B. Moostierchen *Crisia*). Nach Austin 1961, verändert.

eine mit etwas Ooplasma und einem durch mitotische Äquationsteilung gewonnenen Tochterkern ausgestattete Polzelle ab, die zugrunde geht (1. Abortivei). Es bleibt das Vorei (Oocyte II. Ordnung), dessen Kern gleich nach dem Follikelsprung eine Reduktions- oder Reifeteilung durchmacht und den einen Tochter-, Halb- oder Vorkern mit der Hälfte des Chromosomensatzes und etwas Ooplasma in einer zweiten, zugrundegehenden Polzelle (2. Abortivei) abstößt, um zum haploiden, befruchtungsfähigen Reifei (Ovium) zu werden.

Der in Nierennähe angeheftete, mit Keimdrüsenepithel überdeckte, von einer Bindegewebskapsel (Tunica albuginea) umhüllte, ovale, bohnen- oder traubenförmige E i e r s t o c k besteht aus einer Eizellen- und einer Versorgungsschicht. Erstere, festere, mit Zwischen- und Eizellen durchsetzte, liegt außen als Rinde (Zona parenchymatosa), manchmal

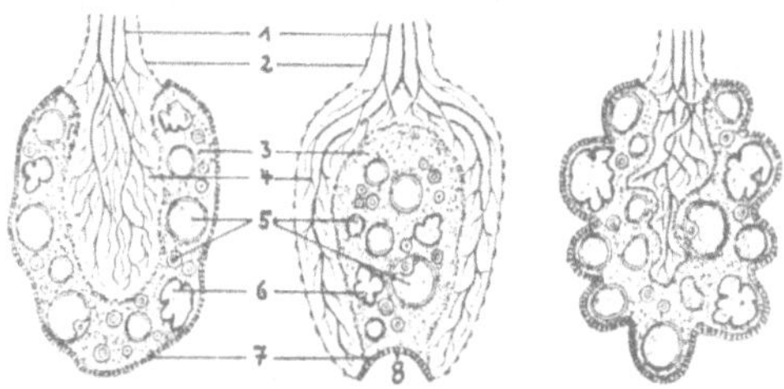

Abb. 82. Eierstockbau, schematisch. Links Rind, Mitte Pferd, rechts Schwein. 1=Mesovarium, 2=Peritonaeum, 3 (dunkelgrau) =Zona parenchymatosa, 4 (hellgrau)=Zona vasculosa, 5= Follikel, 6=Corpora lutea, 7=Keimepithel, 8=Ovulationsgrube. Nach Krölling-Grau 1960, verändert.

(z. B. Pferd) aber innen als Kern. Die lockere Versorgungsschicht (Zona vasculosa) enthält Gefäße und Nerven und bildet meist ein inneres Mark. Das Kümmern des rechten, nicht ovulierenden Eierstockes beim Schnabeltier, der Dotterreichtum der Eier, die Lymphraumfülle im Ovarstroma, die Gestieltheit der

Reifefollikel und das Fehlen einer Flüssigkeitshöhle und eines Eihügels erinnern bei den Kloakentieren noch an die Sauropsida. Bei den Beuteltieren sind mehreiige (bis zu 100 Eizellen) Follikel und mehrkernige Eizellen häufig. Nach der Ovulation werden daher oft viele Eier gleichzeitig befruchtet und mehr Embryonen geboren, als Zitzen vorhanden sind. Die keine Zitzen erreichenden Keimlinge müssen daher zugrunde gehen. Bei den höheren Säugetieren kommen dagegen mehreiige Follikel (und diese mit nur wenigen Eiern) seltener vor. Die Ovulation erfolgt entweder spontan, d. h. unabhängig vom Zeitpunkt der Begattung, oder durch letztere als Gipfel der neurohormonal erregenden Paarung verursacht oder provoziert (z. B. bei Iltis, Frettchen, Katze, Kaninchen, Hase).

Eine Vorrichtung fängt das aus dem Eierstock ausgestoßene und dann meist bald befruchtete Ei (Spermovium) auf, um es zum E i l e i t e r eingang (Ostium abdominale tubae) zu bringen und sein Entweichen in die Bauchhöhle und eine damit gefährliche Bauchhöhlenträchtigkeit zu vermeiden. Entweder breitet sich dabei eine Bauchfelltasche zeltartig über Ovar und Ostium (Eierstockzelt, Tentorium ovarii, z. B. Wiederkäuer) oder das Zelt vergrößert sich derart zu einer Eierstockkapsel oder -hülle (Bursa ovarica s. ovarii), daß nur der Zugangsweg zum Eileiter offenbleibt (z. B. Insektenfresser, Mäuse, Schweine). Oder die Eileiteraufhängebänder bilden eine Leitrinne zwischen Ovar und Ostium (z. B. Meerschweinchen). Oder das Ostium umfaßt als ein Trichter (Infundibulum tubae) den Eierstock (z. B. Kloakentiere, Beutler, Wale) oder verlängert sich mit Fransen (Fimbriae infundubuli) so, daß sich einige sogar am Ovar anheften (Fimbriae ovaricae, z. B. Primates).

An die Eileitermündung schließt sich ein erweiterter Anfangsteil (Ampulla tubae), daran ein enger, gewundener Mittelteil (Isthmus tubae), daran der

Endteil (Extremitas uterinae, Pars interstitialis), dessen Mündung (Ostium uterinum tubae) in die Gebärmutter führt. Zilienschlag des Flimmerepithels und peristaltisches Zusammenziehen der Eileiterwand-

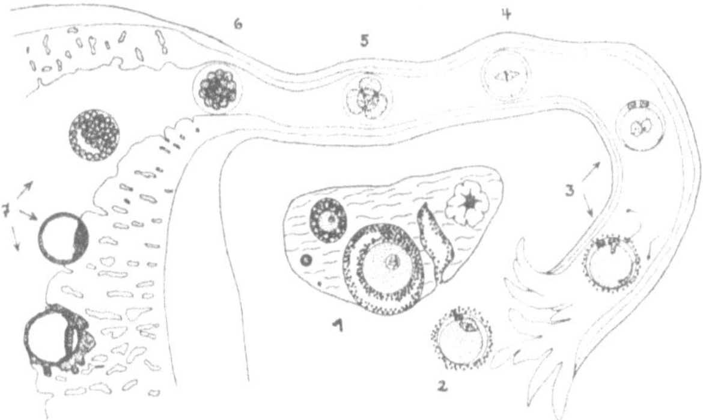

Abb. 83. Eientwicklung vom Eierstock bis zur Gebärmutter. 1=Eierstock mit Eiern, wachsenden Graafschen Follikeln mit primärer Oocyte und kleinem Gelbkörper, 2=frisch entlassene (ovulierte) sekundäre Oocyte, 3—6 im Eileiter: 3=Ei wird befruchtet und Kerne verschmelzen, 4=Zygote, 5=Furchung (Vierzellenstadium), 6=Morula, 7=Blastocyste tritt in die Gebärmutter ein und nistet sich in der Gebärmutterschleimhaut ein (Nidation). Nach Austin 1961, verändert.

muskeln befördern das befruchtete, sich zur Blastocyste furchende Ei durch den Eileiter in die Gebärmutter, wo es sich in der Schleimhaut einbettet oder -nistet (nidatiert) und nachfolgend als Keimling sich fest einpflanzt (implantiert).

Der bei den Kloakentieren vom Sinus urogenitalis bis zum Eileiter noch doppelte und jederseits noch kaum in Scheide und Gebärmutter unterteilte weibliche Geschlechtskanal (Müllerscher Gang) vereinigt sich zu den höheren Säugetieren hin schrittweise, um bei einigen der letzteren — mit Ausnahme der stets paarig bleibenden Eileiter — ganz einbahnig zu werden. Bei den meisten Beutlern wird die Zweibahnigkeit, doch mit deutlicher Betonung der

Unterabschnitte, noch beibehalten. Eine bereits einheitliche Scheide bei noch paariger **Gebärmutter** (Uterus duplex) tragen manche Fleder-, viele Nagetiere und die Schleichkatzen. Eine im Mündungsteil (Portio) bereits vereinigte, sonst jedoch noch getrennte Gebärmutter (Uterus biparticus) weisen manche Fleder- und viele Raubtiere auf. Einen geschlossenen unteren Uteruskörper (Corpus uteri)

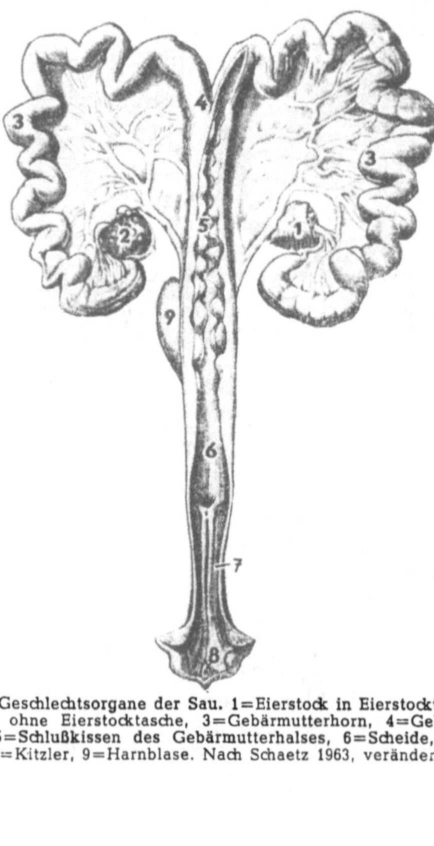

Abb. 84. Geschlechtsorgane der Sau. 1=Eierstock in Eierstocktasche, 2=Eierstock ohne Eierstocktasche, 3=Gebärmutterhorn, 4=Gebärmutterkörper, 5=Schlußkissen des Gebärmutterhalses, 6=Scheide, 7=Scheidenhof, 8=Kitzler, 9=Harnblase. Nach Schaetz 1963, verändert.

mit zweihörnigem Oberteil (Uterus bicornis) haben die Insektenfresser, Halbaffen, Wale und Huftiere sowie die Ameisenbären, Faultiere und die meisten Gürteltiere. Bei den Weichgürteltieren und den Primaten ist auch die Gebärmutter ein einheitlicher Körper (Uterus simplex).

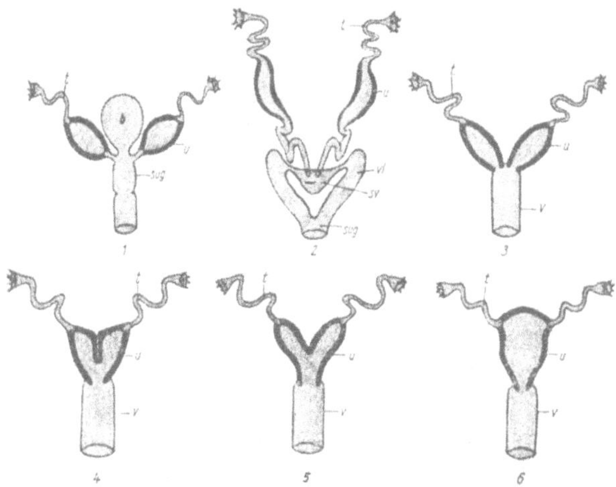

Abb. 85. Gebärmutterformen. 1=Kloakentiere, 2=häufige Form bei Beuteltieren, 3—6=Placentalier, davon 3=Uterus duplex, 4=U. bipartitus, 5=U. bicornis, 6=U. simplex. b=Vesica urinalis, sug=Sinus urogenitalis, sv=Sinus vaginalis, t=Tuba uterina, u=Uterus, v=Vagina, vl=Vagina lateralis. Nach Wiedersheim 1906 und Weber 1927 aus Kämpfe-Kittel-Klapperstück 1966, verändert.

Die Beuteltiere (Marsupialia) haben ihren zweiten Namen D o p p e l s c h e i d e r (Didelphia) von der sie kennzeichnenden zweiteiligen Vagina. Ganz zweigeteilt ist sie z. B. bei den Beutelratten und Raubbeutlern, im Unterteil bereits einheitlich aber oben noch doppelt z. B. bei manchen Känguruhs. Doch können auch die bogenförmig an die Gebärmutter herantretenden Scheiden sich in ihren Ansatzstücken median berühren und fest mit noch belassener gemeinsamer Mittelwand (Septum) aneinanderlegen (z. B. manche Känguruhs) oder unter Verlust des Septum verschmelzen und so ein gemeinsames Schlauchstück (Blindsack) als Dritt- oder Mittelscheide (Medianvagina, Sinus vaginalis) bilden (z. B. Fuchskusu, Wombats). Die Mittelscheide kann sich dem Kopf des Canalis urogenitalis nähern oder sogar anheften (z. B. Känguruhs). Ob mit oder ohne Medianvagina wird zur Geburt zwischen Vaginaansatz und Canalis urogenitalis-Kopf liegendes Gewebe aufgelöst und durchbrochen und so der Embryo unter Umgehen der eigentlichen Scheiden unmittelbar in den Canalis urogenitalis geboren.

Die vom breiten Mutterband (Mesometrium s. Ligamentum latum uteri) am Beckenhöhlendach angehängte, von einer Serosafalte (Perimetrium) umhüllte G e b ä r m u t t e r (Uterus, Metra) trägt eine kräftige, aus Längs-, Ring- und Spiralmuskeln bestehende Muskelwand (Myometrium) und innen eine drüsenreiche Schleimhaut (Endometrium). Durch das Lumen ihres verschließbaren Halses (Canalis cervicis uteri mit Orificium in- und externi, innerem und äußerem Muttermund) hat sie Verbindung zur Scheide. Das mit Gefäßen und tubulösen Drüsen (Uterindrüsen) durchsetzte Endometrium stellt die Stoffaustauschverbindung mit den Fruchthüllen (Placenta fetalis) des sich zum Foetus entwickelnden furchenden Eies her (Einbettung, Implantation). Bei den Kloakentieren liefert die Uterusschleimhaut die Stoffe zum Einschalen der eiweißumhüllten Eier. Das sehr dehnbare und kontraktionskräftige Myometrium treibt die geburtsreife(n) Frucht (Früchte) aus.

Vom hohen bis tiefen Ansatz der Harnleiter an wird die Scheide zum Canalis urogenitalis. Sie reicht bis zum S c h e i d e n v o r h o f (Vestubulum vaginalis, Sinus urogenitalis), gegen ihn manchmal durch eine schmale bis breite Falte (Hymen) (Raub-, Huftiere, Primaten u. a.) abgegrenzt oder in der Geschlechtsruhe durch Schleimpropfen (z. B. Nagetiere, Affen) oder epitheliale Verwachsungen (z. B. Mäuse, Maulwürfe) verschlossen. Bei tiefem Vorhof und kurzer Scheide ist letztere nicht Begattungsorgan, sondern nur Samenaufnehmer. Die Clitoris kann vergrößert, auch mit einem Knochen (Os clitoridis) oder Schwellkörper (s. S. 196) versehen und, wenn auch noch von Harnröhre oder Sinus urogenitalis durchzogen, ganz penisartig gebaut sein (z. B. einzelne Fledertiere, Halb- und Breitnasenaffen). Im Vorhof- und Vulvabereich entsprechen Vestibular-, Clitoris und Libialdrüsen als Gleitsekret- und Reizgeruchserzeuger den männlichen Urethral-, Präputial-, Scrotal und Perinealdrüsen.

Beim Heranwachsen eines Säugetieres wird das Tätigwerden der Keimdrüsen meist solange hintangehalten, bis der Körper weitgehend ausgewachsen ist, dann jedoch die Bildung befruchtungsfähiger Keimzellen in Gang gesetzt. Die damit eintretende Geschlechtsreife zeigt sich im allgemeinen bei größeren Säugetieren später als bei kleinen. Die Zeitgrenzen liegen etwas zwischen der Säuglingsträchtigkeit der Feldmaus, deren noch saugende, nur zwei Wochen alte Jungweibchen erfolgreich begattet werden und mit 33 Tagen bereits selber werfen können (auch erst $^1/_4$ – $^1/_3$ wüchsige Känguruhweibchen im Beutel können schon erfolgreich begattet werden) und den rd. 10 Jahren wildlebender Elefanten. Meist reifen die Weibchen schneller heran als die Männchen. Aber auch Großsäuger können schon früh geschlechtsreif werden, wie z. B. der Elch und der Pottwal mit 1½, der Buckelwal mit 2, der Finnwal mit 3 und der Blauwal mit 4 Jahren, d. h. letzterer mindestens ebenso früh wie Tümmler, Seehund, Braunbär, Kamel oder die kleine madagassische Frettkatze oder Fossa.

Geschlechtsreife und -tätigkeit werden durch eine Stufenfolge einander zugeordneter Auslöser bewerkstelligt. Temperatur, Tageslichtdauer (s. S. 120), Sinneseindrücke und Nahrung wirken als Außeneinflüsse neben Erbanlage, Gesundheits- und Wachstumszustand als Inneneinflüsse (teils über die Großhirnrinde) auf den Hypothalamus des Zwischen-

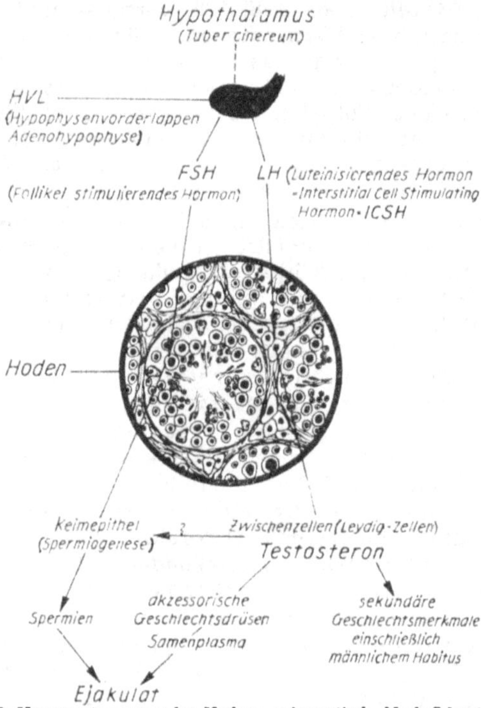

Abb. 86. Hormonsteuerung des Hodens, schematisch. Nach Schaetz 1963, verändert.

hirns als Geschlechtszentrum. Letzteres veranlaßt den Hypophysenvorderlappen zum Ausschütten keimdrüsenanregender (gonadotroper) Hormone. Dazu gehört einmal das die Follikel anregende (stimulierende) Hormon (FSH) in beiden Geschlechtern, das beim Männchen die Samen-, beim Weibchen die Eizellen reifen läßt. Zum anderen das beim Männchen die Hodenzwischenzellen zum Bilden von Testeron, beim Weibchen die Tertiärfollikelreife bis zur Ovulation und damit Erstellung von Östrogen anregende und nach dem Follikelsprung den Gelbkörperaufbau verursachende intercellulaestimulierende oder luteinisierende Hormon (ICSH). Zum dritten das ebenfalls an der Gelbkörperbildung beteiligte luteotrope Hormon (LTH), das die Erzeugung von Progesteron und Milch (deshalb auch Lactin genannt) bewerkstelligt. Das Testeron löst den Geschlechtstrieb aus, unterhält die Spermaproduktion und Tätigkeit der accessorischen Geschlechtsdrüsen und prägt die äußeren (sekundären) Geschlechtsmerkmale des Männchens (Körpergröße, Muskelstärke, Kopfwaffen, Behaarungssonderformen wie Bärte, Mähnen usw., Kampf- und Beschützungstrieb). Das Östrogen weckt die Brunst (Östrus), bereitet die dann wuchernde Gebärmutterschleimhaut für das Einnisten (Nidation) des befruchteten Eies vor (Proliferationsphase) und schafft die Breite der Beckenöffnung als Geburtskanal (Weibchenhabitus). Das Progesteron befähigt die Gebärmutterschleimhaut zur Keimlingsernährung durch den Mutterkuchen (Sekretionsphase), bremst das Reifen weiterer Eier ab, hält die Trächtigkeit aufrecht und entwickelt die Milchdrüsen zur Ausscheidungsreife.

Die Gonadotropine wecken die Eierstöcke aus der Geschlechtsruhe (Unbrunst, Anöstrus) zum Heranreifen der Follikel. Sie bereiten damit den Geschlechtsapparat auf eine Befruchtung und das Weibchen auf Begattung vor. Diese Vorbrunst (Proöstrus) dauert je nach Art 2 – 14 Tage. In der anschließenden, je nach Art ½ – 7 Tage währenden H o c h b r u n s t (Östrus) ist das Weibchen begattungswillig, weil die Follikel ausreifen und meist im letzten Zweidrittel platzen (spontane und induzierte Ovulation, s. S. 202). Die freiwerdenden Eier können von mehreren Männchen befruchtet werden (Überbefruchtung, Superfecundatio), so daß die Jungen eines Wurfes verschiedenvätrig sein können. In der N a c h b r u n s t (Met-, Postöstrus) bilden die gesprungenen Follikel in 5 – 10 Tagen Gelbkörper. Bei Nichtbefruchtung werden in einer je nach Art mehrtägigen bis mehrmonatigen Brunstpause (Diöstrus) die Gelbkörper wieder rückgebildet und damit der Weg zu neuer Follikelreife freigemacht. Bei nur langsamem Gelbkörperabbau können Anzeichen einer Scheinträchtigkeit (Pseudogravidität) auftreten.

Die Eierstockvorgänge schwellen also an und ab (O v a r i a l z y k l u s) und wiederholen sich je nach Tragzeitlänge ein-, zwei- oder mehrmals jährlich (Mon-, Di- oder Polyöstrus) oder bei Großtieren nur alle paar Jahre, weil Trag- und Säugezeit lange dauern (eine Elefantin z. B. setzt nur alle vier Jahre). Endometriumsveränderungen bei der Wucherung (Proliferation), Keimlingseinpflanzung (Implantation), Mutterkuchenausbildung (Placentation) und damit Keimlingsernährung (Sekretion) und nachgeburtliche oder bei Nichtbefruchtung nachbrunstige Erneuerung (Regeneration) machen den eng mit dem Ovarialzyklus verbundenen U t e r a l z y k l u s aus. Einen dem menschlichen vergleichbaren blutigen Endometriumsabbau beim Ausbleiben der Befruch-

→

Abb. 87. Zyklusveränderungen im Geschlechtsapparat der Kuh. FSH = Follikelreifungs-Hormon, HHL = Hypophysenhinterlappen, HVL = Hypophysenvorderlappen, ICSH = Interstitialzellen stimulierendes oder Luteinisierungshormon (LH), LTH = Luteotropes Hormon (Prolaktin). Nach Schaetz 1963.

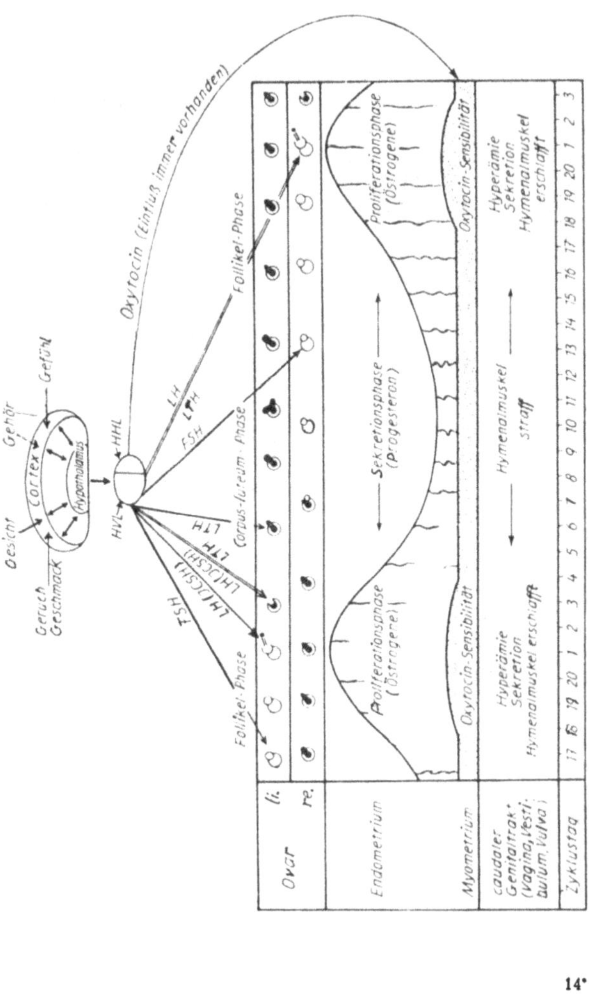
Gesicht
Gehör
Gefühl
Geruch
Geschmack
Cortex
Hypothalamus
HVL
HHL
Oxytocin (Einfluß immer vorhanden)
LH
LTH
FSH
LH(ICSH)
TSH
Follikel-Phase
Corpus-luteum-Phase
Ovar
li.
re.
Endometrium
Proliferationsphase (Östrogene)
Sekretionsphase (Progesteron)
Myometrium
Oxytocin-Sensibilität
caudaler Genitaltrakt (Vagina, Vestibulum, Vulva)
Hyperämie
Sekretion
Hymenalmuskel erschlafft
Hymenalmuskel straff
Zyklustag
17 18 19 20 1 2 3 4 5 6 7 8 9 10 11 12 13 14 15 16 17 18 19 20 1 2 3

tung (Menstruation) zur Vorbereitung der Regeneration gibt es nur bei den nicht halbäffischen Altweltaffen.

Begattung bzw. Besamung und Befruchtung liegen meist kurz hintereinander (Lebensdauer der ejakulierten Spermatozoen 6—24, seltener 36 Stunden), brauchen aber ebensowenig unmittelbar aufeinander zu folgen (bei Kleinfledermäusen gemäßigter Breiten sind sie z. B. meist durch die Monate des Winterschlafs getrennt) wie Befruchtung und Keimentwicklung. Nicht selten bleibt der Keim nach den ersten Furchungen als Blastocyste frei im Uterus liegen (Ei- oder Keimruhe), um eine Jungengeburt zu ungünstiger Jahreszeit zu verhindern (Vortragszeit), und pflanzt sich erst Monate später ein (Austragzeitbeginn). Solch festgelegte (obligatorische) Tragzeitverlängerung haben Reh, Dachs und Marder unter den heimischen Säugetieren, darüber hinaus aber auch andere Marder, die Bären, viele Robben sowie Gürtel- und Faultiere. Umstandsbedingt (fakultativ) kann sie bei Känguruhs, Spitzmäusen, Ratten, Mäusen u. a. auftreten.

Befruchtete Weibchen verwehren meist von der Nachbrunst an den Männchen weitere Begattungen. Bei manchen Arten kann jedoch das Chorionhormon Prolan oder Choriongonadotropin auch während der Trächtigkeit ungehemmt von den Gelbkörpern weitere Ovulationen auslösen, die zu Befruchtungen und Keimlingen im noch unbesetzten Gebärmutterteil oder -horn führen. Damit trägt dann das Muttertier zwei verschieden alte Jungensätze gleichzeitig aus, die es im Abstand weniger Wochen gebiert. Besonders Hasen und Nagetiere machen sich diese Überschwängerung (Superfetation) zum Ausgleich ihrer hohen Bestandsverluste zunutze (Hase, Kaninchen, Bisam-, Wander-, Hausratte, Maus u. a.), doch ist sie manchmal auch bei Löwe, Tiger, Katze, Mink, Nutria, Hund, Pferd, Schwein, Rind, Schaf, Ziege,

Zweizehenfaultier und ganz selten beim Menschen anzutreffen.

Bei den Kloakentieren umgibt der Eileiter nach der Befruchtung das dotterreiche und sich daher nur im scheibenförmigen Bildungsdotter (meroblastisch-discoidal) furchende E i mit pergamentiger Schale, bevor es beim Schnabeltier in ein Erdbaunest, bei den Schnabeligeln in eine Bauchfelltasche der Mutter abgelegt und ausgebrütet wird (Eigebärigkeit oder Ovoparie). Bei den übrigen Säugetieren wird das befruchtete Ei kürzer oder länger im Mutterkörper zu einem Keimling oder Jungen weiterentwickelt und so geboren (Lebendgebärigkeit oder Viviparie).

Das sich meist gleichartig vollständig (äqual holoblastisch) furchende dotterarme (hemilecithale) Ei der übrigen Säugetiere hat Nährstoffe nur für die ersten Furchungen bis zur Blastula. Dann wird die Eihaut (Zona pellucida), die sich bei der rasch wachsenden Keimblase der Uteruswand zuerst anlegte (Prochorion), gesprengt und der körperbildende Teil des Keimlings (Embryoblast) durch neu sich formende H ä u t e (Trophoblast) ernährt. Dabei erhebt sich um den Embryoblasten eine Doppelfalte außen aus dem Ectoderm, innen aus dem somatischem Blatt des Mesoderms (Amnionfalte), die über ihm zusammenwächst. Sie bildet dann zwei ihn einhüllende Häute, die äußere seröse Eihaut (Serosa) und die innere Schafshaut (Amnion). Zwischen Amnion und Embryo liegt die Amnionhöhle, zwischen Amnion und Serosa die Interamnionhöhle, die beide zum mechanischen Schutz des Keimlings flüssigkeitsgefüllt sind. In die Interamnionhöhle stülpen sich vom Keimlingsdarm her der — praktisch leere — Dottersack (Nabelblase, Omphylosaccus, Vesicula umbilicalis) und der Harnsack. Bei den Beuteltieren legt sich unter Kleinbleiben des Harnsacks die äußere Dottersackhaut, bei den höheren Säugetieren unter Kleinbleiben des Dottersacks die äußere Harnsackhaut oder Allantois der Serosa an, um sich mit ihr dem Endometrium anzuschmiegen und der Keimlingsernährung zu dienen (omphaloide und allantoide Placentation). Der Harnsack nimmt zuerst Harn aus dem Embryoharnleiter auf. Der außerhalb des Keimlings liegende Harnsackteil (Allantoisstiel, Harngang, Urachus) wird Nabelstrangteil, der innere bleibende Harnblase.

Die Beuteltierserosa nebst Dottersackhaut legt sich der Gebärmutterwand ohne Zotten (Villi) glatt an (Vor-, Prae- oder Ectoplacenta; A p l a c e n t a l i a). Bei den P l a c e n t a l i a, nämlich den Beutelmardern, Nasenbeutlern und allen höheren Säugetieren (Monodelphia)[1]) erhält die äußere Fruchthülle zahlreiche Gefäße (Gefäßhaut, Chorion) und verbindet sich mit der Gebärmutterwand. Bei den Beutelmardern vergrößert sich besonders der Dottersack und versorgt die äußere Fruchthülle (Dottersackgefäßhaut oder Omphalochorion, Dottersack- oder omphalo- oder v i t e l l o g e n e P l a c e n t a). Bei den Beuteldachsen und Monodelphia vergrößert sich umgekehrt die Allantois (Harnsack- oder Allantois- oder a l l a n t o g e n e P l a c e n t a).

Das zottenlose Beutlerchorion ist nach der Geburt nicht abstoßbar (adeciduat) und wird aufgelöst. Bei den höheren Säugern wird die Gefäßhautoberfläche durch Zotten (Choriomalli) vermehrt (Z o t t e n h a u t, eigentliches Chorion), die sich in Vertiefungen (Karunkeln, Caruncula, Cryptae) des dort ebenfalls sehr gefäßreich werdenden Endometriums (Placentome) einsenken und mit diesem den Mutterkuchen (Placenta) bilden. Letztere besteht also aus einem Keimlings- oder fötalen und einem Mutter- oder maternalen Anteil (Placenta fetalis und materna oder uterina).

---

1) Im allgemeinen Sinne werden unter Placentalia nur die Monodelphia verstanden.

Bei vielen Säugetierarten lösen sich beide bei der Geburt leicht und unblutig voneinander (Halb- oder Semiplacenta). Die Chorionzotten (Kotyledonen) können über das ganze Chorion einigermaßen gleichmäßig verteilt und dann entweder niedrig und dicht (Placenta diffusa: Schweine, Kamele), leicht verzweigt und höher (P. multiplex: Flußpferde, Tapire, Schuppentiere, Halbaffen und manche Wale) oder stark verzweigt, hoch und weit auseinander (P. cotyledonia, cotyledonata oder polycotyledonata: Pferde, Wiederkäuer) sein. Sie können später auf einen Gürtel zusammenrücken (P. semizonarica: Rundschwanzseekuh, Schliefer, Elefanten, Erdferkel).

Die übrigen Säugetiere, die diesen semiplacentalen Indeciduata als Deciduata gegenüber-

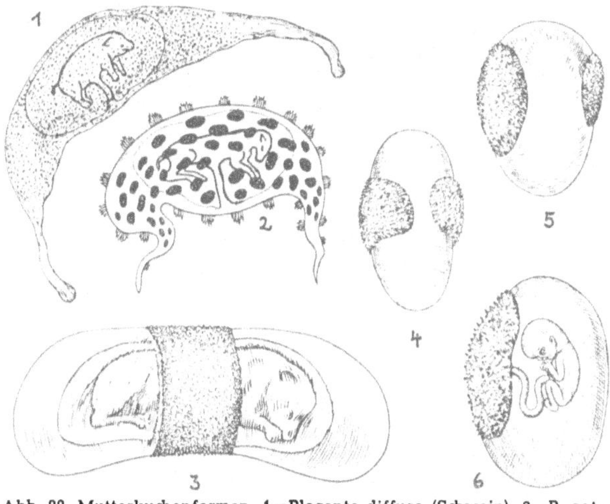

Abb. 88. Mutterkuchenformen. 1=Placenta diffusa (Schwein), 2=P. cotyledonaria (Rind), 3=P. zonaria (Hund, Katze), 4= P. zonaria interrupta (Waschbär), 5=P. bidiscoidalis (viele Affen), 6=P. discoidalis (Mensch). Nach Starck 1965, verändert.

stehen, bilden auf ihrer Gefäßhaut Zotten nur auf einem Teil aus. Die Zotten dringen tief und sich verzweigend ins Endometrium vor, dieses zur Wucherung anregend (Vollplacenta, Euplacenta, P. vera) und zur Hinfall- oder Siebhaut (wegen der Zottendurchbohrung) entwickelnd (Decidua, Membrana decidua). Bei der Geburt reißt sie der fötale Anteil mit ab, um mit Eihäuten und Nabelschnur zusammen als Nachgeburt (Secundinae) abgestoßen zu werden. Das Raubtierchorion trägt die Zotten gürtelförmig um die Körpermitte der Frucht (Gürtelkuchen, Gürtelplacenta, P. zonaria). Das Chorion der Insektenfresser, Pelzflatterer, Fleder-, Nage-, Gürtel-, Faultiere, Ameisenbären und Affen ordnet sie in einer Scheibe (Scheibenplacenta, P. discoidalis oder discoidea), mancher Affen auch in zwei Scheiben (P. bidiscoidalis, bidiscoidea) an.

Betrachtet man die Placenta nach dem Grad der Eindringtiefe des Chorions ins Endometrium und damit des Endometriumabbaues, so lassen sich vier Typen unterscheiden. Und zwar ein epitheliochoraler Typ (Endometrium bleibt ganz: meiste Beutler, ferner Schuppentiere, Wale, Seekühe, Flußpferde, Schweine, Kamele, Halbaffen und als Übergang die Unpaarhufer), ein syndesmochorialer Typ (an den Berührungsstellen Abbau des mütterlichen Epithels zu histiotropher Embryonalnahrung: einige Beutler, übrige Wiederkäuer), ein endotheliochorialer Typ (zwischen Chorionzotten und endometrischen Gefäßen bleibt nur dünnes Endothel stehen: Raubtiere) und ein hämochorialer Typ (Zotten eröffnen uterine Bluträume: Insektenfresser, Fledertiere, Halbaffen, Affen, Nagetiere u. a.).

Das mütterliche Blut kreist entweder in engen Labyrinthen oder in einem zwischenzottigen (intervillösen) Topf (Sinus), in den die Chorionzotten hineinreichen (hämochorialer Typ, Topfplacenta, P. olliformis; am stärksten beim Menschen als P. spongiosa).

Die Fruchtnahrung (Embryotrophe) besteht entweder aus Gewebestoffen (zerfallende Leukocyten, Fetttröpfchen, Uterindrüsenausscheidungen) als Histiotrophe oder Uterinmilch (Aplacentalia und Anfangsstadium der Placentalia) oder aus Blutstoffen (Hämotrophe) der Mutter (Placentalia). Trotz inniger Frucht-Mutterverbindung bleiben die Kreisläufe getrennt und die Stoffaustauschvorgänge (Gase, Nähr- und Abfallstoffe) beschränkt. Das Chorionsyncytium wählt die Stoffe aus, baut sie ab, zu neuen Verbindungen wieder auf (wie nach der Geburt der Darm), speichert Vitamine, bildet Hormone, schützt den Keimling und wahrt bei männlichen die Geschlechtsindividualität.

Die Trächtigkeit (Gravidität, Graviditas, beim Menschen Schwangerschaft) ist die Entwicklungszeit (Tragzeit) des Keimlings zwischen Eibefruchtung und Geburt. Das befruchtete Ei verbleibt entweder im Gebärmutterhaupthohlraum (zentrale oder semiplacentale Implantation, z. B. Raubtiere) oder in einer Seitenbucht (excentrische Implatation, z. B. Igel und Maus) oder nistet sich unter fermentativer Auflösung der obersten Schicht des Endometriums in dieses ein (intradeciduale Implantation oder Nidation, z. B. Mensch), wird dann — wie auch bei der excentrischen Implantation — von ihm wieder überwachsen, bildet damit die Fruchtkapsel (Decidua capsularis) und wandelt sich dann zur Trächtigkeits- oder Schwangerschaftsschleimhaut (Decidua graviditatis) und Pars uterina der Placenta.

Die Tragzeit ist artlich meist bis auf einen Spielraum von nur einem oder wenigen Tagen genau festgelegt. Ausnahmen sind entweder temperaturbedingt (günstig hohe Umgebungstemperatur beschleunigt den Stoffwechsel und verkürzt die Tragzeit, ungünstig niedrige wirkt umgekehrt, am deutlichsten ablesbar an der Winterschlaflänge der Fledermäuse) oder individuell hormonal verursacht (z.

B. beobachtete Tragzeiten einer Eisbärin 152, 170, 175, 228 und 267 Tage). Im übrigen ist die Tragzeit allgemein abhängig von der artlichen Körpergröße, dem Reifezustand und der relativen Hirngröße des Geborenen sowie der Jungenzahl.

Bei den Beuteltieren liegt die Ausbildungszeit der larvenhaften Keimlinge je nach Größe der Art zwischen 8 und 42 Tagen, dafür jedoch die Säugezeit nicht unter 65, die Beutelzeit bis 250 Tage, bei den höheren Säugetieren der vorwiegend körpergrößenbedingte Tragzeitspielraum zwischen 16½ Tagen beim Goldhamster und rd. 660 Tagen beim Elefanten. Laufjunge werden vollbehaart, offenäugig und lauffähig, also in einem hohen Reifezustand nach langer Tragzeit gegenüber den blinden, spärlich behaarten und höchstens kriechfähigen Lagerjungen mit relativ kürzerer Tragzeit geboren (z. B. Meerschweinchen-Laufjunge nach 63 gegenüber Kaninchen-Lagerjungen nach 30 Tagen).

Da die Hauptgehirnmasse vorgeburtlich gebildet wird, brauchen relativ großhirnige Junge längere Tragzeiten als relativ kleinhirnige (z. B. Wolf 63, Schimpanse rd. 230 Tage). Viele Junge haben nicht so lange genügend Platz im Uterus wie nur eines oder wenige und müssen daher eher geboren werden (z. B. Wildschwein 4—12 Junge bei rd. 115 Tagen Tragzeit, Warzenschwein 3—4 Junge bei rd. 170 Tagen Tragzeit). Regelmäßigen Zerfall einiger Keimblasen in vier Keimlinge finden wir beim Neunbindengürteltier, in 7—12 beim Weichgürteltier *Muletia* (Polyembryonie).

Das Tierreich in der Sammlung Göschen:

Band I: Einzeller, *(Protozoen)*. Von *Eduard Reichenow*. 2. Aufl. etwa 115 S. 59 Abb. In Vorb. (Band 444)

Band II: Schwämme und Hohltiere. Von *Hans Joachim Hannemann*. 95 S. 80 Abb. 1956. (Band 442)

Band III: Würmer, Platt-, Hohl- Schnurwürmer, Kamptozoen, Ringelwürmer, Protracheaten, Bärtierchen, Zungenwürmer. Von *Siegfried Jaeckel*. 114 S. 36 Abb. 1955. (Band 439)

Band IV, 1: Krebse. Von *Hans-Eckhardt Gruner* und *Kurt Deckert*. 114 S. 43 Abb. 1956. (Band 443)

Band IV, 2: Spinnentiere (Trilobitomorphen, Fühlerlose) und Tausendfüßler. Von *Alfred Kaestner*. 96 S. 55 Abb. 1955. (Band 1161)

Band IV, 3: Insekten. Von *Hanns von Lengerken*. 2., neubearb. Aufl. 140 S. 59 Abb. 1966. (Band 594)

Band V: Weichtiere. Urmollusken, Schnecken, Muscheln und Kopffüßer. Von *Siegfried Jaeckel*. 92 S. 34 Fig. 1954. (Band 440)

Band VI: Stachelhäuter. Tentakulaten, Binnenatmer und Pfeilwürmer. Von *Siegfried Jaeckel*. 100 S. 46 Abb. 1955. (Band 441)

Band VII, 1: Manteltiere. Schädellose, Rundmäuler. Von *Hubert Fechter*. In Vorb. (Band 448)

Band VII, 2: Fische. Von *Dietrich Lüdemann*. 130 S. 65 Abb. 1955. (Band 356)

Band VII, 3: Lurche (Chordatiere). Von *Konrad Herter*. 143 S. 129 Abb. 1955. (Band 847)

Band VII, 4: Kriechtiere (Chordatiere). Von *Konrad Herter*. 200 S. 142 Abb. 1960. (Band 447/447a)

Band VII, 5: Vögel (Chordatiere). Von *Hans-Albrecht Freye*. 156 S. 69 Fig. 1960. (Band 869)

Band VII, 6: Säugetiere (Chordatiere) 2 Bde. Von *Theodor Haltenorth*. (Band 282/282a/282b, 283/283a/283b)

Band DM 3,60 · Doppelband DM 5,80 · Dreifachband DM 7,80

FSC
www.fsc.org
MIX
Papier | Fördert gute Waldnutzung
FSC® C083411

Zeitfracht Medien GmbH
Ferdinand-Jühlke-Straße 7
99095 Erfurt, Deutschland
produktsicherheit@kolibri360.de